U0248291

中央财经大学学术著作出版资助；

国家社科基金重大项目（项目号：15ZDA45）和

北京社科基金一般项目（项目号：16SRB020）资助。

网络化时代的个人与社会

王建民 / 著

中国社会出版社

国家一级出版社 全国百佳图书出版单位

图书在版编目（CIP）数据

网络化时代的个人与社会 / 王建民著. -- 北京：
中国社会出版社，2017.4
ISBN 978 - 7 - 5087 - 5652 - 3

Ⅰ. ①网… Ⅱ. ①王… Ⅲ. ①互联网络—社会问题—
研究—中国 Ⅳ. ①TP393.4 - 0

中国版本图书馆 CIP 数据核字（2017）第 076146 号

书　　名：网络化时代的个人与社会
著　　者：王建民

出 版 人：浦善新
终 审 人：张铁纲
责任编辑：陈贵红　　　　　　　责任校对：路　广

出版发行　中国社会出版社　　　　　邮政编码：100032
通联方法　北京市西城区二龙路甲 33 号
电　　话：编辑部：（010）58124828
　　　　　邮购部：（010）58124848
　　　　　销售部：（010）58124845
　　　　　传　真：（010）58124856
网　　址：www. shcbs. com. cm
　　　　　shcbs. mca. gov. cn
经　　销：各地新华书店

中国社会出版社天猫旗舰店

印刷装订：北京天正元印务有限公司
开　　本：170mm×240mm　1/16
印　　张：13.5
字　　数：205 千字
版　　次：2017 年 5 月第 1 版
印　　次：2017 年 5 月第 1 次印刷
定　　价：42.00 元

中国社会出版社微信公众号

目　录
CONTENTS

导　论

网络社会是如何可能的

一、理论关切与问题意识

本书是关于网络社会的社会学研究。一般而言，"网络社会"主要有两种内涵：一是作为一种新社会结构形态的网络社会（network society），二是基于互联网电脑空间（cyber space）的网络社会。前者强调的是社会关系与社会结构的网络化特征，后者则突出与"现实空间"相对的"虚拟空间"的存在。其实，二者存在紧密关联，因为在互联网兴起的背景下，network society 的网络化特征往往以 cyber society 的网络信息技术为基础，而后者如果离开前者便也失去了很多社会意义。

互联网技术的发展推动了人们对网络活动的深度参与，关于"现实空间"与"虚拟空间"的划分已经不合时宜。在很大程度上，网络空间的活动同样是具体而真实的，甚至可能比传统意义上的现实活动更加"真实"。例如，相距遥远的朋友的书信往来是一种现实活动，但因为双方靠文字传情达意，其实还是有较强的象征和想象的意味。相比之下，远程网络视频虽然是基于互联网的技术条件，但交流双方的音容笑貌都近在眼前，已经很难说是"虚拟"的了。所以，"线下空间"与"线上空间"的划分可能比"现实空间"与"虚拟空间"的说法更符合实际。

社会生活网络化引起的一个新变化是社会空间的交叉重叠，以往界限相对明确的社会领域趋向于模糊。例如，网络购物实际上就模糊了家庭和商场、消

1

费行为与日常事务的边界。一个人可以足不出户歪在沙发上购物，或者在坐地铁时通过手机发送订单；购物也不是专门的活动，工作间隙也可能完成商品浏览、下单支付的过程。就商家而言，电子商务也将营销活动和日常生活紧密地联系在一起，家庭可能是销售的场所，而店铺也可以是日常生活空间。在互联网技术日益发达的条件下，生产、消费、学习、娱乐等高度压缩在一起，多元差异的领域被整合到网络空间中。

社会空间和领域的边界模糊，也意味着互联网对日常生活的渗透和影响越来越带有潜移默化的特点。互联网近在咫尺，各种网络信息唾手可得，网络参与可以利用片段化的时间进行，使得人们往往将网络活动视若当然，甚至可以说，网络活动是如此日常化的活动，以至于置身于其外本身就是一件极其困难的事。当互联网和网络参与成为人们日常生活须臾不可分离的组成部分的时候，也就意味着想超然地反思其影响变得愈加艰难。

在网络空间中时常出现的情况是，明知一些网络参与低效而无意义，却难以自拔或不愿割舍；有时满腔热情地发表一番言论，却发现应者寥寥或被骂个狗血淋头，实际上骂人者可能根本就没在意言说者所说为何；在甲方看来幼稚和低俗的观点，在乙方那里可能备受吹捧；很多事物已经无法激起人们的参与热情，因为即使参与可能也只是以一片争论告终，或者认真的思考只是遭到戏谑和嘲讽……总而言之，在网络信息中，正式的与非正式的、认真的与随意的、真实的与虚假的、温和的与激烈的，纷纷然杂糅在一起，让人有欲迎还拒、矛盾交织的情感。

此外，在"线上空间"与"线下空间"互动交织的意义上，互联网引发的变化也异彩纷呈。有些实际的社会问题或事件，一经上网便引起轩然大波，可能事件当事人或信息发布者都始料未及；也有人利用互联网信息传播的优势，自我宣传广而告之以成名得利；有些求助信息鲜有人问津，而有的却能赢得无数陌生网友的同情；在较宏观的层面，网络社会治理、互联网经济、网络反腐、舆论监督、网络安全等，都如火如荼地开展起来。

毫无疑问，我们生活在互联网时代，确切地说，是正在进行的网络化时代。我们身处其中的社会是一个网络社会，不过，网络社会并不是自然成序的，其中个人与社会、权威与服从、理性与情感、激情与厌倦等充满张力和碰撞。这促使我们思考：网络社会是如何可能的？人们在网络空间中如何能像法国社会学家涂尔干所说的拥有"社会在我们之上也在我们之中"的社会感？当然，本书无法就这个基础性和一般性的问题给出某种具体答案，毋宁说我们重在以此问题为导引，思考网络社会的兴起及其影响，并对一些网络现象或社会事件从社会学的角度进行分析，以为我们理解我们身处其中的网络社会提供一些参考和启示。

二、框架结构与各章要点

本书在"线上空间"与"线下空间"交互作用的意义上理解网络社会，因而所讨论的问题不仅是互联网本身的问题，更多是保持对转型期社会问题的关切，甚至个别章节讨论的内容主要是"线下空间"的问题。

在不甚严格的意义上，本书内容可分为三个部分：第一部分是第一章至第四章，分析互联网的发展对人们的信息获取方式、交往方式以及精神气质带来的影响，尤其是对互联网所推动的社会生活个体化及其后果予以关注。第二部分是第五章至第九章，结合中国社会变迁和转型期的社会问题，讨论人们的网络参与和网络声音与现实社会问题的关联。第三部分是第十章至第十二章，在较为宏观和一般的层面分析互联网的兴起对社会治理、经济转型以及国家治理带来的机遇与挑战。下面分而述之。

第一章讨论互联网时代信息获取方式的变化及其影响。在类型比较的意义上，可将农业社会、工业社会和网络社会中获取信息的典型方式概括为"道听途说""你说我听"和"你演我看"，以及"转载搜索"。三者的时空依赖性依次降低，时空的虚化程度渐次增加。在网络社会中，信息的脱域机制造成个体时间感与空间感的虚化、个体与社会的疏离以及社会认同难度的增加。针对网络信息的复杂影响，建构一个意义丰富的生活世界，是增进社会团结和塑造社会认同的根本基础。

第二章关注互联网发展对个体自由的意义与限制。作为现代性后果的互联网"脱魅机制"，延续了现代性个人与社会、自由与束缚、个体自治与个性规避之间的张力，这种张力的后果之一就是个体难以名状的孤独感。互联网增进了个体获得和传播信息的便利性，但也使个性淹没在繁芜庞杂的信息中；给个体带来暂时的"去权威化"体验，也使其陷入"不能承受的生命之轻"；促进了个体之间的"在线交往"，但也削减了面对面交往中的人性因素。对于互联网时代的个体来说，化解孤独感的重要途径是参与社会生活、培育自我反思能力和社会学的想象力。

第三章试图挖掘"网购"的社会意涵和情感意义。在我看来，网购不仅是一种消费方式，而且折射了现代人的生活风格和精神面貌。在网购环境中，电商网站、商品信息以及购物流程不断向消费者制造"诱惑"，激发其消费行为。网购中个体的参与和选择在很大程度上被消费社会的逻辑所设定，缺少个性探险的空间，导致网购过程的机械化和表层化。网购中人与物品距离的缩短、时空体验的缺失，使人滋生空洞无聊之感。网购使人在享受轻松易得之喜悦的同时，也陷入"现代性的厌倦"。反思网购生活，有助于揭示和反思消费社会的支配逻辑。

第四章思考广为流行的"微信生活"的社会意涵。"微信生活"不仅体现了日益发达的互联网技术对社会生活的影响，而且折射了"网络人""微信人"的生活风格和精神气质。社会现实感的虚化、生活领域的交叠、距离缩短带来的无聊厌倦，刻画了"微信人"生活方式的特征，也塑造了其精神气质：害怕和逃避闲暇、求新求变的主体幻觉、厌恶平淡的猎奇心理、阅读风格的大众娱乐化、接受与拒绝之间的纠结、渴望表达和寻求关注的"巨婴"心态等。微信生活凸显了"网络社会是如何可能的"问题。

第五章结合标签理论对网络化条件下的社会心态进行分析。标签理论认为，弱势群体的"缺陷"往往是垄断社会资源和话语权的强势群体所定义的结果。社会舆论对"富二代""官二代"以及"名二代"的批评呈现出一种近乎相反的逻辑，即普通民众甚至弱势群体对强势者贴标签，或可称之为"逆向标签化"。社会结构失衡和不平等是逆向标签化的社会根源，而互联网则为这种话语建构提供了传播渠道。逆向标签化表明，社会心态越来越以"怨恨式批评"的方式表达出来，由此释放了一种"想象的征服"的心理。重塑社会心态应该成为社会建设的题中之意，而这需要以一系列利益均衡机制的建设为前提。

第六章从宏观社会变迁的角度比较分析不同时期社会心态的特点，以及互联网条件下社会心态的复杂性。社会心态变迁是整体社会变迁的重要方面，通过历时性比较分析能够更清楚地理解当前社会心态的特点。本章尝试将新中国成立到改革开放、改革开放到90年代末以及90年代末以来，三个时期社会心态的特点概括为政治激情、经济热情和社会焦虑。政治激情表现为革命精神与英雄主义；经济热情以渴望改善生活和积累财富为特征；社会焦虑则体现为迷茫、不满，热衷于表达自我却缺少共识性认同。对于新时期的社会焦虑，需要区分"作为体制性后果的焦虑"和"作为网络化后果的焦虑"，相应地，制度建设与人心建设是化解社会焦虑的根本途径。

第七章以"保钓游行事件"为例，分析结构性压力往往以互联网为媒介释放出来。中国正处于社会转型期，无论在经济制度、政治生活或是社会结构、思想文化等方面都有其过渡性特征，人们面对结构性压力往往会产生心理不适。保钓游行事件中的打砸抢烧行为就是结构性压力下民众积蓄的社会情绪的非理性宣泄，并且这种极端行为在互联网的推动下迅速形成"示范效应"，成为具有强大舆论影响力的网络社会事件。在利益与价值观念双重分化的网络化时代，如何实现可持续的社会团结是值得深思的问题。

第八章围绕曾被热议一时的网络社会事件——"归真堂事件"，分析网络分歧的深层社会意涵。在网络社会中，"真相情结"驱使人们破除重重信息迷雾，以逼近事物的真相，但以信息识别信息、以信息澄清信息，反而可能带来信息重叠，妨碍了人们对事物的判断。同时，由于不同的主体出于自身利益的考虑，会制造和发布对自身有利的信息，或对自身发布的信息寻找合理的解释，以获取和掌握更多的信息权力，而对局外的旁观者而言，这却进一步增加了信息识别的难度。正因为信息多元驳杂，制度化的对话与沟通才显得尤为重要，社会建设的重要方向就是用一个意义丰富的现实世界包容网络世界。

第九章集中关注网络众筹这种新兴的社会现象。网络慈善是网络化条件下兴起的新慈善形式。借助网络平台开展的公益慈善项目，在筹款效果上往往存在较大差异。本章对"轻松筹"平台三个众筹案例的分析发现，微信圈子来源于现实社会圈子，个体现实社会圈子的规模、资源禀赋和构成方式作用于微信圈子，进而导致基于微信圈子的众筹在效果上存在较大差异。网络众筹具有重要的社会意义，但还有一些社会资源薄弱的群体接触不到互联网或无法使用互联网，他们的生存处境也应予以关注。

第十章的主题是网络社会治理。互联网的兴起使中国社会转型进入新阶段，并推动了网络社会治理的发展。网络社会治理是通过互联网平台所进行的以传达公共信息、化解社会问题、凝聚社会共识、建构社会秩序等为目的的社会治理，是经济社会发展新阶段兴起的社会治理形式，包括"对网络社会的治理"和"通过网络的社会治理"的双重内涵。网络社会治理的主要议题包括传播公共信息、引导社会舆论、监督公共权力、促进社会互动、动员社会力量、营造社会共识等方面。认识网络社会治理的基本原则和发展趋势，有助于为创新社会治理、促进社会和谐提供参考和启示。

第十一章在较为一般的意义上讨论互联网经济及其社会背景与影响。互联网经济是网络化时代产生的一种崭新的经济现象。对中国社会而言，互联网经济的兴起既有世界科学发展、全球化潮流等因素的推动，也和中国社会发展阶段、社会结构等因素密切相连。新时期互联网经济的发展，主要体现为"互联网＋"战略的推行和实施。和传统的实体经济一样，互联网经济的发展同样需要植根于中国的社会基础，如网民结构、互联网发展的地域与城乡差异、相关的制度安排以及人才培养模式等。互联网经济的发展给人们的生活带来诸多便利，但其引发的问题也值得关注。

第十二章较为系统地讨论社会转型新时期网络反腐的背景、内涵、实践过程及其政治与社会意义。网络反腐是互联网快速发展背景下反腐的新形式，是广大民众和政府在法律允许的框架内，通过互联网收集、识别有关腐败的信息，对腐败行为进行举报、曝光、查处的活动和过程。网络反腐有其深刻的社会背景，如在快速的经济增长过程中出现了很多社会问题，不平衡的利益格局促使民众需要通过某种渠道表达意见或不满。网络反腐的社会意义在于，有利于平衡利益格局、释放社会不满情绪、重建社会公信力、营造和谐的社会氛围等。可以预期，互联网在未来的反腐事业中将长期发挥重要作用。

第一章

信息获得方式变迁的时空分析

网络社会的重要特征是人们获取信息的方式发生深刻变革。在网络社会中，传统的依靠嘴巴（说）、耳朵（听）和眼睛（看）获取信息的方式依然重要，但手的重要性（敲击键盘、移动鼠标、触摸屏幕等）格外突出。或者，确切地说，在获取信息上，嘴巴、耳朵和眼睛的功能越来越通过手的功能的发挥来实现，人们需要"道听途说"，同时也依赖"转载搜索"。其实，在这一身体表现变化的背后，是网络技术所引发的人们学习方式、生活方式甚至思维方式的深刻变革。本章主要基于网络社会兴起的宏观背景，结合时间与空间两个维度，分析信息获取方式的变迁及其影响。

一、信息获取方式的时空依赖及其弱化

在传统的农业社会中，"土"极其重要。"土"不仅意味着农耕经济是农民乃至整个社会的物质基础，而且还意味着人们从出生到死亡的整个过程主要是在相对固定的地域空间中度过的。"保农就是保土，保土就是保根。"安土重迁是农民生活的常态，而流转迁徙往往是天灾人祸强迫的结果。中国传统的乡土社会是熟悉社会，土地是熟悉社会的自然阈限，用著名社会学家费孝通的话说："乡土社会在地方性的限制下成了生于斯、死于斯的社会。常态的生活是终老是乡……每个孩子都是在人家眼中看着长大的，在孩子眼里周围的人也是从小就

看惯的。这是一个'熟悉'的社会，没有陌生人的社会。"①

乡土社会中的"熟悉"，不仅指人们在村落社区中对人和物经过长期接触没有陌生感，而且意味着人们获得信息、知识和社会规范，是在长期的经验熏陶、言传身教和耳濡目染的过程中实现的。在这一过程中，乡土社会的时间与空间因素十分重要。时间的延续和连贯、空间的有限和稳固，是信息获得和传播的客观条件。俗语"低头不见抬头见""人怕见面，树怕扒皮""人见面活，树扒皮死"等，便体现出时间与空间的连续和稳固对信息传播的影响，以及对社会关系的约束与维持。

在时间方面，农业社会中，人们获得信息的数量和速度与其与人接触的时间长度成正比。也就是说，人与人之间接触的时间越长、越频繁密切，他们之间的熟悉度就越高，能够获得的信息的数量就越多，获得信息的速度也就越快。正因为如此，在传统农业社会中，老人占有的信息和经验一般优于年轻人，因而具有更高的社会权威。在老人那里，时间并不是现代意义上的公历纪年和钟表时间，而是意味着经验和事件。例如，老人在谈及自己的经历时，往往不说某年某月，而说具有一定历史意义的"闹水灾那年""土地改革那年""打鬼子那年"，等等。而这种表述之所以能被理解，在于同样的社区中存在关于时间的共同记忆或集体意义，超出村落社区，这种记忆或意义的可理解性便会降低。这也说明，信息的获得和理解还具有空间依赖性。

信息获取的空间依赖性比较容易理解，即在传统农业社会中，一个人获取信息主要是在较为有限和固定的空间中完成的。因为空间有限，言语交流才会便利而有效；因为空间固定，信息才便于传播并达成共识。在"鸡犬之声相闻，老死不相往来"的村落社区中，每个村落都有自己的"地方性知识"；超出社区之外，一个人的知识就可能失效，所谓"三里不同风，五里不同俗"。人们常说的"众口铄金，积毁销骨"，只能发生在相对封闭和稳固的环境中，因为只有在这样的环境里，信息才会迅速流传，并很快形成群体压力。

在时间和空间的双重限制下，"道听途说"成为农民获得和传播信息的主要方式。"道听途说"至少包括四个要素：言者、听者、言语交流和互动场所。这

---

① 费孝通：《乡土中国　生育制度》，北京大学出版社 1998 年版，第 9 页。

是一种发生在具体时间和地点中的信息传播方式。"道听途说"意味着：人们在日常作息的问答应和中获得信息，如果没有频繁的日常接触和言语交流，就没有信息的获得和传播，或信息的数量将变得匮乏。在有限的时间与空间中，"道听途说"几乎可以满足人们生活所需要的全部信息，所以文字就显得不重要了。正如费孝通所言："不论在空间和时间的格局上，这种乡土社会，在面对面的亲密接触中，在反复地在同一生活定型中生活的人们，并不是愚到字都不认得，而是没有用字来帮助他们在社会中生活的需要。"① 在熟人社会中，人们可以"眉目传情"，可以"指石相证"，有时语言都变得多余了。这一切都是因为熟悉而发生的，而熟悉是人们在共同的时间和空间中陶冶积习的结果。

如果说"道听途说"是传统农业社会中信息获取的主要方式，那在大众传媒兴起的工业社会中，"你说我听"（如广播）和"你演我看"（如电影、电视）成为信息获取的新形式。在工业社会中，随着科学技术、劳动分工和城市化的发展，人们的活动范围扩大，社会交往的短暂性、匿名性和一次性增加，信息获取的时空依赖性弱化，人们可以借助广播、电视、电影等传播媒介跨时空地获取信息。传播媒介的革命，使人们获得信息的范围、数量和性质都发生了巨变，人们的视觉、听觉和触觉范围都大大地拓宽了。正是在这个意义上，麦克卢汉称"媒介即信息"，媒介是"人的延伸"。②

在发达的工业社会中，人们通过"你说我听"和"你演我看"的方式获得的信息已经远远多于"道听途说"所获得的信息。但相比之下，"道听途说"是人与人之间的沟通，它既是获取信息的方式，也是表情达意和建立共识的方式，而"你说我听"和"你演我看"则是大众传媒对人的单向信息灌输，其中的互动意义和情感交流减弱，甚至不复存在。"在大众传播过程中，控制权掌握在传播者手中，受众总是处于被动的接收端。面对大众媒介'推动'给他们的内容，他们没有选择的自由，他们的反馈十分有限、严重滞后，而且不被重视。"③ 社会批判理论家马尔库塞甚至认为，发达工业社会是一个"单向度的社

---

① 费孝通：《乡土中国　生育制度》，北京大学出版社1998年版，第23页。
② ［加］麦克卢汉：《理解媒介——论人的延伸》，何道宽译，商务印书馆2000年版，第33页。
③ 匡文波：《网络传播学概论》，高等教育出版社2001年版，第11页。

会"。在其中，无线电、电影院、电视、报刊、广告等工业手段对人们进行说教和操纵，压抑人们的自由意识，规定人们的思想观念，造成了"单向度的思想和行为型式"①，使人们内心的批判性和超越性思想受到抑制。而且，由于人与人之间面对面的信息交流和沟通与论辩的机会减少，形成社会共识与社会认同的难度相应地增加了。因此，信息获得与传播方式的变迁具有深远的社会影响。

二、网络社会与信息"脱域"

随着网络社会的兴起，在"道听途说"和"你说我听""你演我看"之外，"转载搜索"成为获得信息、了解社会的重要方式。与"道听途说"相比，"转载搜索"不必发出声音，也不必直接与人对话，它只需一台接入互联网的电脑（或其他上网工具），轻轻地敲击键盘、移动鼠标或触摸屏幕，便可以在瞬间获得不计其数的信息。与"你说我听"和"你演我看"相比，"转载搜索"实现了"双向选择"：一方面是"信息选择受众"，人被动地接受外部信息的单向灌输；另一方面，信息受众在接受信息的同时，可以主动选择所获得的信息，也可以进行信息反馈，主动发布、修改、删除信息或对来自他人的信息做出评价。更为重要的是，"转载搜索"的内容已经不限于文字，还包括图片、声音、视频和各种符号，其内容和形式的丰富性是"道听途说"和"你说我听""你演我看"的信息传播方式所无法比拟的。

与传统的农业社会和工业社会相比，网络社会中信息获取的重要特征是"脱域机制"（disembedding mechanism）的产生。"脱域"是吉登斯社会理论中的重要概念，指的是"社会关系从彼此互动的地域性关联中，从通过对不确定的时间的无限穿越而被重构的关联中'脱离出来'。"② 通俗地说，"脱域"强调的是社会关系摆脱时空"此时此地"限制的特征。"脱域"基于时间与空间的

---

① ［美］马尔库塞：《单向度的人——发达工业社会意识形态研究》，张峰、吕世平译，重庆出版社 1988 年版，第 12 页。
② ［英］吉登斯：《现代性的后果》，田禾译，译林出版社 2011 年版，第 18 页。

虚化，"在前现代时代，对多数人以及日常生活的大多平常活动来说，时间和空间基本上通过地点联结在一起。时间的标尺不仅与社会行动的地点相联，而且与这种行动自身的特性相联。"① 而到了现代社会，时间逐渐与确定的生活地点和具体的社会行动脱离开，成为超越空间的虚化时间。同样，空间也出现了虚化。当世界地图等图示在人们生活中出现时，超越具体时间点的空间范围在人们的头脑中产生了。时间与空间的虚化，出现了没有任何在场事物的时间和空间。

当然，时空分离不是网络社会的专利，而是始于工业社会。在工业社会中，交通和通信技术的不断进步推动了"脱域机制"的发生与发展，但网络社会有过之而无不及，将"脱域机制"推向了极致。就本章讨论的信息获取方式而言，网络社会中的信息获得，在时间与空间上都表现出新的特征与趋势。

首先，信息获取的时空依赖性降低。网络传播极大地压缩了时间、跨越了空间。例如，同样是核事故，1986 年的切尔诺贝利事件与 2011 年的日本福岛核电站事故，在信息传播上有着很大不同——后者作为一个社会事件借助互联网很快就传遍全球，尤其是引起与日本相邻国家和地区的警惕甚至恐慌。麦克卢汉在 1967 年出版的《理解媒介——论人的延伸》一书中首次提出"地球村"（global village）概念，意指随着广播、电视等电子媒介的出现和各种现代交通方式的飞速发展，人与人之间的时空距离骤然缩短，整个世界紧缩成一个"村落"。如今，在信息传播的速度和广度上，网络社会俨然将世界变成了一个"地球屋"（global room）。两个人可能素未谋面，却可以互通有无；即便相隔万里，也能在瞬间"穿越"大洋彼岸。在网络世界中，一个具体的时间和地点同时也意味着"不同的时间"和"不同的地点"，即"此时此地"可与古今中外不同的事物关联起来，不同时间与空间的联结与变幻较容易地发生了。

其次，信息获得的时间感虚化。一般而言，可以把时间理解为事件从发生到结束的间隔，但对个体而言，时间在很大程度上是人对身边发生的事物的主

---

① ［英］吉登斯：《现代性与自我认同》，赵旭东、方文译，生活·读书·新知三联书店 1998 年版，第 18 页。

观感受①。在面对面交谈或在平面媒体上查阅和接收信息时，人会有一种较为明显的"过程感"。交谈有交谈的时间，读书有阅读的时间，看电视、电影有观看的时间，而在互联网上搜索信息时，由于身体未发生位移，加上网页显示和开关在瞬间内完成，信息获取过程中的时间高度压缩。正如卡斯特所言："压缩时间直到极限，形同造成时间序列以及时间本身的消失。"② 也可以说，因为"转载搜索"对空间的依赖性大幅度降低，导致人对时间的感受变得相对模糊了。

最后，信息获得的空间感虚化。在网络空间中，信息的获得不是来自某个地点或位置，而是来自虚拟的空间。这一空间不是在卧室中，不是在客厅中，也不是在办公室中，它存在于电子显示器的"背后"，它离我们很"近"，也离我们很"远"。其虚拟性体现在，它没有实在的标志物，无法容纳人的身体并供其延展，没有具体的标准计量其深度和广度。这是一个只能想象而难以感觉的空间。虽然人们常说网上"个人空间"，但这种"空间"主要指放置数据、文件或日志的地方，它和日常生活中看得见摸得着的具体空间有着本质不同。和现实的可感知的空间相比，人在"转载搜索"时对空间的感受是虚化的、想象的、难以言说的。不同人对空间的感受是不同的，也许只能"意会"而无法"言传"③。

信息获取过程中时间感与空间感的弱化，也意味着对时间与空间感知的个体差异增大。在时空结合紧密的现实中，人们对时间与空间容易建立共同感。

---

① 当然，这绝不意味着时间完全是个体化的，相反，时间以及个体对时间的感受只能在社会中生成，并随社会的不同而各有差异。时间是一种"社会时间"。参见［法］涂尔干：《宗教生活的基本形式》，渠东、汲喆译，上海人民出版社 1999 年版，第 9 页。

② ［美］卡斯特：《网络社会的崛起》，夏铸九等译，社科文献出版社 2001 年版，第 530 页。

③ 现实社会空间与网络空间存在重要不同。现实社会的空间，按照涂尔干的说法是，空间本没有上下、左右、南北、东西的划分，但这种划分却大量存在。这种划分来源于这一事实：即各个地区具有不同的情感价值。既然单一文明中的所有人都以同样的方式来表现空间，那这种划分形式及其所依据的情感价值也必然是普遍的，这在很大程度上意味着，它们起源于社会，是集体表现的产物（参见［法］涂尔干：《宗教生活的基本形式》，渠东、汲喆译，上海人民出版社 1999 年版，第 9－10 页）。相比之下，网络空间在一定程度上"脱离"了社会，它没有上下、左右、南北、东西的划分，需要个人在想象中体验。

例如，假设两个人从张村到李村，如果出行的方式、路线、天气条件等一样，那这两个人会有大致相同的时间感和空间感。钟表时间以及行走的疲劳程度表达了人的时间感，而路况、物理距离和沿途风光则塑造了人的空间感。这种时间感和空间感容易交流分享，形成大致共识。但在网络空间中，信息的搜寻和获得带有明显的个体性，一个人借助电脑和互联网，可能并未走动，也可能一言未发，只是动动手、眨眨眼、想一想，便获得大量信息。在此过程中，人对时间与空间的感受表现出明显的个体差异性，这种差异不仅源于个体禀赋的差异，也在于这种时空感受很难用明确的语言表达出来。难以表达，便难以分享，进而难以达成共识，例如，一篇博客、一条微博或一个帖子，往往引来无数争吵，难以形成统一的意见。正因为如此，如果长期沉迷于网络空间中，那么个体与社会的疏离便在所难免了。

三、"去权威化"与"社会性的缺失"

通过"转载搜索"获取信息的方式日益重要，推动了传统社会关系的"去权威化"。这与传统的乡土社会形成极大反差。在传统的乡土社会中，老人是集经验、知识与权力为一体的权威形象，他们在村落社区中身居要位并占有大量社会资源，在村庄公共秩序的维持、大事小情的处理等方面发挥主导作用。在老人社会中，社会权威的来源在于空间上"走得远"和在时间上"活得久"，年龄越长则权威越大。年长是时间与历史的见证，也是经验、智慧与权威的表征。人们对长寿的追求不仅仅在于生命的延续，也在于权威的保存。但在网络社会中，老人的权威弱化，而时尚、新奇、有趣、非主流等成为网络社会中备受推崇的价值。与此类似，长辈、老师、领导等角色的权威形象也非比寻常，代际关系、师生关系、领导与下属的关系需要在网络社会中重新定位。长辈、老师和领导的权威，只在某一方面有效，而难以在所有方面都比晚辈、学生和下属高出一筹。

网络社会中时间与空间的虚化，造成以具体的时空和人际互动为基础社会性的弱化。正如法国当代社会理论家布希亚所指出的那样，拟像（simulacra）、媒介和信息、内爆（implosion）和超现实（hyperreality）构成了一个全新的后现代世界。这个新世界在创建新的社会组织形式、思想和经验时，消除了以往的工业社会模式中所有的边界、分类以及价值。现实在退隐，现代性甚至社会性走向终结。① 现代性追求一致性价值和规范，社会性强调"共有的习惯"，而在网络社会中，多元化、个性化和差别化的事物才能吸引人的眼球。时空虚化意味着个体存在的真实感弱化，而现代性甚至社会性的"终结"②，意味着社会认同难度的增加。

同时，多元化、个性化和差别化事物的增多也意味着深度意义的消解。一方面，多元异质且更新迅速的网络信息充斥着人们的思维，缩短了人们的思考时间，并不断地冲击着人们头脑中已有的信息存量。另一方面，在驳杂的网络空间中，立论者多，说理者少；转载搜索者多，独立原创者少；消极模仿者多，积极甄别者少；作壁上观者多，积极参与者少。"转载搜索"是知识与信息获取的方式，也是休闲娱乐的方式，新奇、有趣往往比"深度意义"更重要。由于深度意义的消解，人们之间沟通和共享的往往是符号、口号和奇闻逸事，而不是意义和价值，争论与分歧往往湮没了共识与同意。这也从反面提醒我们，社会认同更多地依赖于真实的社会时空和社会交往，"沟通理性"才是达成社会共识的正当之途。

我们认为，与马尔库塞所言的"单向度的社会"相比，网络社会并未提升或加深人对社会现实的思考和质疑，甚至相反，网络社会充斥着更多的信息和符号，报纸、杂志、电视、电影、广告、海报、电子信息屏等多种媒介，每天在制造和传播着不计其数的信息，人们无论身在家中，还是走向户外，总是被电视、广告牌、电子屏幕的图像或声音所包围。信息在选择人，而人无法自由地选择信息。过度的信息充斥着社会生活，甚至成为人无法摆脱的负担。网络空间中的"转载搜索"也许只是变换了一种获取信息的方式，而未必提升人的选择能力，甚至相反，"转载搜索"或对搜索引擎的依恋，已经成为很多人的"无意识"行为。表面上的信息搜索和选择，实际上也潜在地意味着人被信息

---

① 参见刘少杰主编：《当代国外社会学理论》，中国人民大学出版社2009年版，第129页。

② 这里的"终结"一词带有修辞的色彩，因为社会性的真正终结是不可能的。

"搜索"和"选择"。

四、结语

本章从时空分析的角度，将农业社会、工业社会和网络社会中获得信息的典型方式概括为"道听途说""你说我听"和"你演我看"，以及"转载搜索"。这三者的时空依赖性依次降低，时空的虚化程度渐次增加。当然，这是一种理想类型的建构，而无法涵盖各种社会类型中信息获取的诸多方式。同时，在网络社会中，"转载搜索"也只是信息获得的方式之一，前两种方式依然存在并发挥作用。此外，网络社会中时间感与空间感的虚化，是相对于农业社会和工业社会而言的一种趋势，而非个体时空感的全部。

网络社会中时空感的虚化，可能带来个体与社会的疏离以及社会认同难度的增加，但我们认为，疏离和认同难度增加的问题无法通过网络空间本身来解决，而是依赖于现实生活世界的构造，家庭、学校、社区、职业团体等依然是社会团结与社会认同的真正来源。网络世界与现实世界不是截然分离的，在本质上，现实世界是网络世界的基础和来源①。网络世界塑造了人的虚拟感，而现实世界的互动则是真实感的来源。应该用一个意义丰富的现实世界包容带有虚拟色彩的网络世界。这也说明，如果现实世界的意义贫乏或缺失，网络世界的虚无便可能趁机而入，在占据人心的同时带来社会认同的难题。

就通过"转载搜索"获取信息的方式而言，网络社会是一个个体化的社会。虽然数据传输可以将身处不同时空的人远程地连在一起，但人们直接面对的是屏幕或显示器而不是活生生的人。网络化是一种新的个体生活方式，也是一种新的社会生活方式，但个体与社会不一定会自动联结，相反，个体与社会的疏离却大有可能。这里，我们有必要引述涂尔干的一段话："热爱社会，就是热爱既超出我们之外、又存在我们之中的事物。若我们不想结束我们作为人的存在，就无法实现摆脱社会的愿望。我不知道文明是否带给我们更多的幸福，这并不

---

① 或许，"线下空间"与"线上空间"的说法比"现实世界"与"网络世界"更合适。

重要；可以肯定的是，从我们被文明化的那一刻起，只有放弃我们自己，才能弃绝文明。这样，人们所能提出的唯一问题，就不再是他们能否离开社会而生活，而是他希望生活在什么样的社会里。"①

　　无论怎样，我们应该以积极乐观的心态迎接网络社会的到来，但"希望生活在什么样的社会里"，是摆在每个渴望幸福的"网络人"面前的问题。

---

　　① ［法］涂尔干：《社会学与哲学》，梁栋译，上海人民出版社 2002 年版，第 59 - 60 页。

第二章

在线生活：网络参与中的自由与孤独

　　互联网是人类文明的重要成就和后工业社会的象征。进入 21 世纪以来，互联网的发展日新月异，其对人们工作方式、交往方式、学习方式以及思维方式的影响越来越大。互联网提高了办事效率，也扩展了人们的想象空间。加上与移动通信相结合，互联网简直就像"幽灵"一般如影随形，成为人们日常生活须臾不可分离的组成部分。不过，当人们热情拥抱互联网时代的来临之时，批判和反思之声也不绝于耳。这不仅是因为互联网的兴起挑战了既有的思想观念和行为方式，也因为它引发了新的社会问题，使人在享受它的便捷高效之时，也受制于此甚至深受其害。就像"互联网"这个汉语词汇所隐喻的那样，它将众多或相识或陌生的个体置于一个没有明确边界的"网"里，似有"剪不断，理还乱"之意。

一、作为现代性后果的互联网

　　如果说科学技术的发展是现代性的重要组成部分，那么，体现科学技术当代发展的互联网便是现代性的重要成果。而且，和以往的科技产品相比，互联网对个体生活的影响更为直接和明显。从网络搜索到网络社交，从网络办公到网络购物，互联网已深深介入和重构其使用者的日常生活。如果我们把互联网的兴起纳入现代性的发展轨迹中，便会发现，互联网的兴起及其后果依然延续了现代性的个人与社会、自由与束缚、个体自治与个性规避之间的张力。对此，我们可以在社会理论的意义上分析互联网的兴起及其现代性意涵。

在西方语境下，宗教改革、工业革命和启蒙运动推动了现代社会和个人的诞生。以马丁·路德、加尔文等为核心人物的宗教改革，将个体信徒从教会的控制中解放出来，使他们可以独自面对上帝、解读圣经，并通过在尘世的勤勉劳作和厉行节约表达其宗教虔诚。工业革命打破了传统的依赖于土地和村落的生活方式，使大量脱离土地的人口过上由陌生人构成的理性化的城市生活。法国启蒙运动重申了"人是万物的尺度"这一智者名言，凸显了理性在批判专制、特权、迷信上的力量。

然而，这三种力量在推动现代社会和个人诞生的同时，也制造了深刻的悖论。宗教改革的后果是：一方面，强调了个体的信仰自由，为个人主义兴起奠定了基础，但也导致个体的孤独感和无意义感的增加；另一方面，新教肯定了世俗价值和追求财富的正当性，但却难以应对马克斯·韦伯所担忧的"狭隘的专家没有头脑，寻欢作乐者没有心肝"。① 工业革命使人挣脱了传统的束缚，增强了改造自然的能力，但随着传统世界的"脱魅"（disenchantment）和工具理性的泛滥，个体变得愈发孤立，生命的意义不断消解在技术、机器、商品和金钱之中；人类物质生活越来越丰裕，但精神家园却时常陷入荒芜的窘境。启蒙运动进一步解放了人的理性，但并没有开出遏制理性疯癫的药方，系统殖民了生活世界，科学现代性压倒了人文现代性。

上述问题或可称为"现代性的危机"。在诸多现代性危机中，最为核心的也许就是工具理性与价值理性、个体自由与社会团结的矛盾。前者体现为传统的宗教和形而上学意义在科学技术的迅猛发展中日渐衰微，个体开始直面寻找生命意义的难题，而科学话语所提供的解释模式又无法满足个体之安放内心的意义寻求；后者体现为个体自由相对于传统权威的增加，但个体对社会的离心力也在同步生长，随之而来的个体孤独、焦虑，又催生了其对社会团结甚或对新的权威的渴望。这种现代性危机一直困扰着现代人和以重建"社会"为己任的社会理论家。

我们可以较容易地发现，现代性的悖论在互联网时代依然延续。正如《新

---

① ［德］马克斯·韦伯：《新教伦理与资本主义精神》，苏国勋等译，社会科学文献出版社2010年版，第118页。

周刊》的一篇文章所写的那样：互联网上充满五光十色的声像，让人不睹不快。一个人说他离开电脑去睡了，但经常是去躺在床上继续看手机。饭桌上，每个人都低头玩手机或平板电脑，话题也经常围绕着社交网站上正在发声的人和正在发生的事展开。然而，众声喧嚣之中，我们却感觉越来越孤独了：每隔几分钟就要看一眼手机，不断刷新微博看好友在干些什么，邮件没有被立刻回复就感到沮丧不安。世界上最遥远的距离，是人与人的距离。双眼紧盯显示屏的我们，并非离群索居，却常感到孤独。新鲜科技能带来上万好友或粉丝，安全但虚拟，制造了人际关系活跃的假象，却侵蚀了真情实感。多元价值观的众声喧哗之下，"价值虚无"也成为现实难题①。

概括来说，互联网对现代性悖论的延续主要体现在：一方面，人们借助互联网提高了学习和工作效率，体验到越来越多的个体自由，但对互联网的依赖和被束缚感也与日俱增；过于依赖网络信息和技术逻辑也导致个性的消弭，获取信息本身成为目的，而不是完善深度自我的手段。另一方面，互联网促进了"在线交往"，扩大了人际交往平台，使联系"无处不在"，但也削减了面对面交往的可能性，使离群索居的生活越来越多，造成个体与社会的疏离，而且，缺乏心灵交流和真诚原则的网络交往，常常使交往流于表面，由此加剧了现实生活中的个体孤独感。

如果我们同意上述悖论，就需要追问，互联网究竟具有怎样的"魔力"，使个体处在这种悖论之中？我们又该如何看待这种悖论以及其中的个体境遇？对于这两个问题，我们需要先从互联网的理性化特征谈起。

二、互联网的"脱魅机制"及其后果

在互联网的便捷、高效、程序化的意义上，它体现了社会理性化（rationalization）的特征，同时，互联网也与很多科技产品一样，带有理性的不合理性一面。这使我们无法绕开马克斯·韦伯对社会理性化的看法。韦伯将科层制（bu-

---

① 参见孙琳琳：《当下中国的 12 种孤独》，《新周刊》2012 年第 8 期。

reaucracy）看作理性化的范例，认识到其优点并对其所可能带来的消极后果保持警醒。美国学者乔治·瑞泽尔（George Ritzer，又译"里茨尔"）延续韦伯的思路，将麦当劳快餐店看作社会理性化的典型，并认为社会的各个领域都沾染了社会理性化的特点，其经典论断"社会的麦当劳化"（the McDonaldization of Society）在社会学领域已家喻户晓。

在瑞泽尔看来，麦当劳之所以取得成功，是因为它为消费者、工人以及经理人员提供了效率（efficiency）、可计算性（calculability）、可预测性（predictability）和可控制性（control）。效率意味着，麦当劳快餐店的经理人员和工人能够快速地满足消费者的需求，为他们提供从饥饿到吃饱的最好途径。可计算性的意思是，麦当劳食品的"质"没有差别，量成了质的对等物，有足够的量或者能做到快速交递，就意味着是好的。可预测性表明，麦当劳能确保它的产品和服务在不同的时间和地点都别无二致。最后，可控制性主要是指用非人技术来替代人的技术，无论食品制作还是雇员管理都是如此①。在瑞泽尔看来，麦当劳化原则不仅存在于快餐业，也体现在教育、工作、医疗、旅游、休闲、政治、家庭等领域，事实上，波及社会的各个方面。

在细数了社会各个领域的麦当劳化扩张之后，瑞泽尔分析了麦当劳化所体现的理性化背后的不合理性：无效率（排长队）、高代价（不如在家节约）、现实的幻觉（食品说明与实际不符）、非人化（大量的脂肪、卡路里、盐、糖危害健康；顾客与雇员被还原为自动的机器；减少了人与人的相互接触），等等。对此，瑞泽尔呼吁："我希望人们可以抵御麦当劳化，并且创造出一个更合乎人的理性和更加人性的世界。"② 虽然瑞泽尔并没有超出韦伯的问题意识，只是将韦伯的观点放置于更广泛的社会现象中进行分析，但"社会的麦当劳化"的观点，促使我们注意社会理性化对日常生活的广泛影响，在这个意义上，我们可以借助瑞泽尔的观点，分析互联网的理性化及其限制。

效率、可预测性、可计算性和可控制性等理性化特征，也在互联网上体现

---

① ［美］里茨尔：《社会的麦当劳化》，顾建光译，上海译文出版社1999年版，第16－19页。

② 同上，第330页。

出来，或许，可以将这四个方面称为互联网的"脱魅机制"。首先，毫无疑问，互联网为它的使用者带来了效率，无论在个人信息的存储、传播、修改上，还是就多人在线交换信息而言，互联网跨越了空间、压缩了时间。其次，可预测性意味着，只要能接入互联网，网民就可以在任何时间和任何地点打开相同的网页，只要上网设备和网络服务器运转正常，网络信息就会"如约守候"。再次，可计算性体现在，点击率、排行榜攫取了网民的注意力，一如消费者在网络购物时经常被商品的成交量所吸引，以至于有时点击率、排行榜、成交量淡化了人对商品质量的了解和关注。最后，可控制性是指以非人的技术代替人，网民只需点击键盘或滑动屏幕，输入网址或搜索关键词，网页就会自动弹出，一切都交给机器，人需要做的只是眼盯屏幕，手移动鼠标、选择网页、复制粘贴等。

互联网的理性化特征同样包含了不合理性。例如，互联网提高了办事效率，但也使人卷入浩繁的信息中；重复性信息大量存在，而且信息的来源、真伪难以辨识；网络在线模糊了人对时间的感知，使人在不经意间虚度时光。这些都意味着效率的降低。可预测性往往意味着重复性和单调，而重复性和单调则带来无聊。可计算性遮蔽了人对"量"背后的"质"的识别，阻碍了对"质"的探究。可控制性的消极后果是，将人交给机器，网民上网看似是自主的活动，但只能顺应电脑和互联网的技术逻辑，甚至在线交往也沦为人和机器的对话。无效率、单调、对"质"的忽视、非人性这些不合理性表明，作为人的理性成就的互联网，像很多科技产品一样，也带来对个体的限制和束缚。当然，我们无意于对互联网全盘否定，而是意在指出其不合理性一面，进而对其进行反思。

在了解了互联网的理性化特征及其不合理性之后，下面具体从信息获得中的个体自由及其限制、"在线交往"中的个体孤独两个方面，分析互联网对个体生活的矛盾性影响。

三、信息获得中的个体自由及限制

互联网时代意味着个体的崛起和个体自由的增加。在信息获取和传播的意义上，互联网扩展了人的身体所能感知和触及的范围，将麦克卢汉所说的"人的延伸"（the extensions of man）① 再次向前推进了一大步。互联网在一定程度上解放了受物理时空限制的身体，使以往的"耳听为虚""眼见为实"变成页面变换和转载搜索，而页面变换和转载搜索的速度为以往任何传播媒介（报纸、电话、电影、电视等）所不及。个体的"自由"还体现在，即便是一个年少轻狂、阅历单薄、学识有限的人（个体网民），也可以通过互联网获得以往更多地依赖长辈、师长、书本、社区、权威机构等才能获得的知识和信息，这带有一定的"文化反哺"② 的意味。此外，互联网是一个"脱魅"的世界，"网"里没有现实生活中的复杂传统、习俗、规矩，个体上网意味着暂时"脱离"很多社会规范的约束，甚至会体验到一种"漂浮"于社会规范之外的自由感③。

不过，互联网在使个人体验到自由的同时，也带来对个体自由的束缚，这至少体现在以下六个方面：

第一，繁芜庞杂的海量信息制约了个体的智识能力。个体凭借互联网似乎可以"通晓"一切，然而，这种"通晓"不是存在"人脑"中，而是存在"电脑"中。当网络切断、电脑（或其他上网设备）关闭，刚刚还是博古通今，可能马上就变得孤陋寡闻。因此，互联网对身体的延伸，不意味着对人的智识能力的延伸，甚至可能相反，是对智识能力的限制——信息越多、越庞杂，属于个人自己的信息就越少。虽然互联网上的信息是无数个体创造的产物，但这些信息一经产生和汇聚，便远远超出了个体所能掌控的范围，造成一种类似齐美尔社会理论所言的"more－life"与"more－than－life"的矛盾。

第二，互联网的技术逻辑限制了个性发挥的可能性。在人们享受敲击键盘、转载搜索、收发信息所带来的快感时，其实已陷入一种悖论：海量信息瞬间可得，但往往千篇一律，以至于信息越多，有价值的信息越少。可以说，"贫困是

---

① 参见［加］麦克卢汉：《理解媒介——论人的延伸》，何道宽译，商务印书馆 2000 年版。

② 周晓虹：《文化反哺与器物文明的代际传承》，《中国社会科学》2011 年第 6 期。

③ 这里使用的"自由"概念不是政治权利意义上的 liberty，而主要指个体相对于外在环境和规范而言的 freedom 的增加。

分等级的，而键盘是讲民主的"①，在利用互联网获取信息的意义上，任何人都需要按照互联网本身的技术逻辑行事，而互联网的技术逻辑指向的是无数个虽然性情不同但都叫作"网民"的个体。因此，人们利用互联网"自由地"获得信息，实际上是在互联网的技术逻辑中不自觉地规避自己的个性，或者说，人的个性在键盘和屏幕面前难以发挥或不甚紧要。而规避个性本身乃是对自由的最大威胁，因为没有个性，也就没有对自由的独立体认。

第三，依赖于互联网获得知识削减了知识获得中的思维过程和丰富体验。互联网提供的海量信息极大地方便了人们的工作与学习，这在表面上简化了原有的更多地通过人工获得资料的复杂程序，实际上却让人们失去了整理、加工资料所带来的过程感；简单的键盘敲击、复制粘贴取代了用笔尖勾画文字，甚至知识的内化在这一过程中都变得不再重要了。如此一来，信息可获得程度的提高并不意味着知识的增长与人格的升华，反而助长了浅尝辄止的习惯和不求甚解的风气。

第四，网络交往将个体束缚在静态的空间中并钝化对他人与社会的感知。互联网在"解放"身体的同时，也导致身体对互联网依赖的增加。早在1998年中国互联网尚在起步之时，便有论者敏锐地指出："这是一个我们可以最大限度地与他人和世界交往的时代，因而是一个最大限度地限制我们与他人与世界直接交往的时代——它使我们不出门而知天下事，使我们'坐地日行八万里'，它通过这种方式把我们软禁在家里。人与人的交往简化和抽象成'机'与'机'的交往。"② 在人际交往上，套用马克思的话说："机器的东西成为人的东西，人的东西成为机器的东西。"

第五，个体对互联网"抽象权威"的依赖。互联网一方面推动了传统的"脱魅"，在"网络空间"中抹平了"地方性知识"，进一步消解了集体意识，这是一种"去权威化"过程；另一方面，它又成为众多个体所追求和依赖的新

---

① 这里套用了乌尔里希·贝克的一句话"贫困是分等级的，烟雾是讲民主的"。参见［德］贝克、威尔姆斯《自由与资本主义》，路国林译，浙江人民出版社2001年版，第138页。

② 吴伯凡：《孤独的狂欢——数字时代的交往》，中国人民大学出版社1998年版，第344页。

权威——"抽象权威"。其"抽象"体现在，互联网中没有明确的指导中心，没有确切的指导者或领袖，也没有稳固的规则或共识性意见。其"权威"体现在，使用互联网者，常常将搜索引擎作为获得知识的工具，希望在互联网中寻找顾问、指导性意见甚至具体的行事规则。不过，互联网却难以为个体提供这样的指导，因为，虽然它汇聚了数量庞大的信息，但信息的内容往往泥沙俱下，难以识别，反而掩盖了信息中的思想含量。因此，互联网的"抽象权威"至多带来"权威"的假象，难以提供权威性指导。

第六，互联网大众文化对个性的吸纳。互联网时代也是大众文化时代，个性往往成了对流行文化的模仿，而不是个体内在生命特质的显现。大众文化席卷了网络所覆盖的各个领域，各种广告、标题、小道消息弥漫在无数个网页上。对个体而言，他所面对的是庞大的网络信息以及网站的单向信息灌输力量。个体网民的选择只是浏览和参与哪个网站，但无法决定网站本身的技术逻辑。只要投身于互联网中，每天都有大量理性的或非理性的、左派的或右派的、自由的或保守的信息在冲击人的思维，不断挤压个体的独立思考空间。在互联网与大众文化交织的社会中，窥私、猎奇、性与绯闻等成为永恒的兴奋点，个体之间交流的内容往往不是各自的生命体验，而是互联网上的奇闻逸事。在这个意义上，人成了互联网的传播媒介而不是相反，二者的关系颠倒了！

如果再深入分析，可以发现，在个体自由的限制与个体孤独感之间存在逻辑关联。这里，我们姑且将孤独感理解为个体与他人和社会的疏离感，包括孤单、无助、苦而无告等心态。真正的个体自由的要义是个体的自立自决，表现为个体感知到自我生命的充实感和完整感。依赖于外在的技术力量遮蔽和限制了个体的自由，自然也无法带来真正的充实感和完整感。在网络依赖中，化解孤独感的方式往往是诉诸更多的网络活动，这进一步造成孤独感的循环往复。那么，个体的孤独感如何排解呢？在面对面交往缩减的情况下，"在线交往"能担当此重任吗？

四、网络社区中的个体孤独

在个体与社会之关系的意义上，网络交往减低了人际交往的物理成本（交通工具、时间、体力等方面的支出），增进了交往的便利性，只要联网在线，交往可以随时进行。即便交往的双方或多方没有同时在线，也可以通过网络留言或发送离线文件，有所延迟地交换信息，进而使交往的时间更加灵活。网络聊天工具和社交网站为在线交流提供了平台，在一定程度上使其使用者之间的交流更加便捷高效，这似乎在一定程度上满足了个体排遣孤独感的心理需求。那么，果真如此吗？

在互联网时代，社交生活正在向网络平移：每天数次查看电子邮件，数次刷微博和微信朋友圈，将社交网站发布和分享的信息作为日常娱乐，等等。然而，就像雪莉·图克尔在《一起孤独》一书中所言，我们从未在如此多的时间内与如此多的人保持联系，但我们也从未如此孤独，我们好像是一个陌生人处于一个陌生的世界。"数字化联系和社交机器人（sociable robot）可能提供了伙伴关系的幻觉，其中没有对友谊的需要。我们的网络化生活使我们即使在相互连接时也彼此逃避。我们更愿意发短信而不是讲话。"① 在这本书里，图克尔详述了科技是如何重新定义美国人对亲密与孤独的观念的：孩子们无视现实里的小狗，却会为了虚拟宠物的死而流泪；高中生们更愿意互发短信，却害怕打电话。基于这本书的副标题的发问"为什么我们更多地依赖技术而不是彼此"，图克尔警告说，接纳此类技术关系以替代持久的情感联系是极其危险的。

在我们看来，或可将与互联网相关的孤独分为两种：一是互联网制造了孤独，即人们本来并不那么孤独，但对互联网的使用和依赖削减了面对面交往，使人产生了空虚孤独之感；二是在高度复杂的社会中，个体越来越孤独，孤独的个体试图通过互联网化解孤独，不过，互联网暂时满足了个体的感官体验，

---

① Turkle, Sherry. *Alone Together：Why We Expect More from Technology and Less from Each Other.* New York：Basic Books, 2002, p. 1.

却无法化解孤独的根源，而对互联网的依赖反而强化了原有的孤独感。当然，这两个方面实际上是难以明确区分的。

先讨论第一种独孤，即依赖互联网所产生的孤独。在网络社区（online community）中，个体与社会的疏离表面上被互联网所消弭，似乎人与人的联结更加紧密，但实际上，个体之间通过网络媒介联结，不意味社会性的丰富，反而会使个体因为使用互联网而变得孤独。这是因为，一方面，网络交往削减了日常生活中的面对面交往，使社会生活越来越个体化；人对电脑、手机、互联网的兴趣侵蚀着与友人面对面交往的兴趣，虽然个人的网友众多，但常常处于离群索居的状态。正如图克尔所言："我们上网是因为我们繁忙，但结果是花在技术上的时间更多，而花在彼此之间的时间更少。我们将连接作为保持亲近的方式，实际上我们在彼此躲避。"①

另一方面，在线（online）不是能动的生命意义上的存在（being），而更多的是互联网及其背后的技术理性对人的注意力的转移和分散。即便在线交流可以表达交往双方的情感，但这种情感必须通过电子设备和网络符号进行，而电子设备和网络符号无法真正体现出人的言谈举止和喜怒哀乐，就好比使用书面文字无法传达面对面交流中的感知和意会一样。电子设备和互联网符号的使用，在一定程度上使媒介的工具性遮蔽了媒介背后的人的情感和意志，进而削减了交往中的人性因素。

正因为人的表情、神态、动作等难以在网络在线中体现出来，这样，交流双方便只能接受在线信息的有限性。也就是说，在线信息无法传递信息发出者的情感的微妙性，若深入理解其所想所思，势必要加入想象、揣测甚至怀疑的成分，进而降低了交往的质量。虽然网络视频中的"面对面"会减少这种可能性，但网络视频也使人可以轻易回避自己的表情和神态（从镜头移开或关闭镜头）。如此一来，在线交流很可能会流于表面化、敷衍、缺少真诚。因此，即便网上的朋友遍天下，电脑屏幕前的个体却往往是形单影只、孤独难诉。

---

① Turkle, Sherry. *Alone Together*：*Why We Expect More from Technology and Less from Each Other*. New York：Basic Books，2002，p. 281.

再说第二种孤独，即通过互联网化解孤独所滋生的孤独。以社交网站为例①，其本身的特点决定了它的局限性：其一，社交网站具有娱乐化倾向，同其他娱乐方式一样，主要带来感官的刺激和体验，而不是深度意义的获得。其二，社交网站的参与者必须要有"新鲜事"才会引起足够的关注，这使信息发布者刻意标新立异，甚至追求"语不惊人死不休"的效果。而一个事件被关注后，又激发了继续被关注的冲动，使得"标新立异"成为一场没有终点的赛跑。其三，社交网站中的个体追求网络空间的访问次数、日志的点击率和被分享的次数，而迅速的信息更新总是湮没已有信息，使信息发布者的愉悦体验转瞬即逝。其四，在社交网站中，转载、分享者多，而原创、深思者少。转载、分享的越多，属于自己的思考就越少。因此，社交网站难以满足个体的个性需求，却可能使人耽溺于一次又一次短暂的新奇体验中，而每次体验结束之后，又是对尚未发生的体验的渴望。然而，对新奇体验的渴望常在，但新奇体验未必经常发生，二者相较，结果要么是无聊，要么是孤独，其共性是无意义感。

为了使分析更加清楚，我们可以区分网络交往中的两种关系：熟人关系与陌生人关系。一方面，社交网站的参与者是现实生活中的熟人，互联网使熟人之间的联系更加方便，但如前所述，方便之余，反而减少了面对面交往的机会，或者彼此之间的问候仅仅变成网络留言，减少了交往中的人性因素。另一方面，社交网站也使一些陌生人建立联系，或者是熟人推荐，或者是网络偶遇，但这种联系并没有深厚的现实基础，也难以形成深入的具有社会性意义的心灵沟通。即便这两类关系在化解个体孤独感上有积极意义，但却增加了个体的在线时间和在线期待，造成了对现实社会活动的排挤，这种排挤恰恰是个体孤独感的重要根源。

社交网站在制造短暂的"伪集体欢腾"（false collective effervescence）之后，又将个体重新推向空虚和孤独。这是社交网站甚至整个互联网时代个体的言说状态——人人渴望诉说，却没有人愿意认真倾听。在众声喧哗的网络空间中，人人渴望制造更高分贝的音调，或努力在喧哗中亮出自己的声音，但有谁会愿意用心倾听一个孤独者的私语？更何况，孤独不是靠网线和网络信号所能传达

---

① 如"人人网"，www. renren. com.

的。这似乎印证了埃里希·弗罗姆（Erich Fromm）所言的："现代社会结构在两个方面同时影响了人。它使人越来越独立、自主，越富有批判精神，同时又使他越来越孤立、孤独、恐惧。"① 互联网的匿名性、便利性、逃避性等特征，为个体自由地表达自己提供了广阔的空间，然而，自由表达并不等于被认真倾听，有人倾听也不意味着理解。众多个体都希望自己的声音被倾听、被关注（如"微博刷粉"），然而当他通过互联网将内心情感释放出去，经过苦苦等待却发现无人对自己的心声产生任何关注，失落感和孤独感将由此滋生。

诚然，互联网可以提供一个在现实中很难获得的公共空间（除了社交网站外，还包括各种论坛、贴吧），让各种话题汇聚其中，在一定程度上也成为个人疏泄苦闷的渠道。不过，互联网的公共议题和生活世界的公共议题是有区别的。日常生活中人们谈论的往往是与个体生活息息相关的事件，而在互联网中，往往是那些奇闻逸事才能吸引网民的眼球，但实际上，这些话题和个体网民的日常生活可能并无直接关系。网络话题与现实话题分离的另一重要后果是生活世界被互联网侵蚀，也就是说，当网络议题（包括网络词汇）渗透到大众生活中时，人们往往习惯于认为谈论网络话题、使用网络话语是一种时尚的表现，由于这种时尚的成本不高，加之群体压力的作用，互联网话语的现实影响力便不断被强化，而真正重要的现实话题渐渐被网络话题取代。

不可否认，互联网确实在社会压力的氛围中满足了一些人的减压需求或转移了对现实社会问题的注意力。不过，互联网往往掩盖了或暂时吸纳了个体的孤独感，而没有也无法化解造成孤独感的深层社会根源。在某种意义上，在线依赖的背后是大卫·理斯曼（David Riesman）所言的"他人导向人格"。"'他人导向'概念意味着过分重视他人（或大众传媒代理人）……对于他人导向者而言，行动的方向和行动的选择要视他人的态度而定。"② 这样，个体对"在线"的依赖越多，可能变得越孤独，进而，对"在世"和深度意义的需要也就越多。

① ［美］弗罗姆：《逃避自由》，刘林海译，国际文化出版公司2000年版，第73页。
② ［美］理斯曼：《孤独的人群》，王崑、朱虹译，南京大学出版社2002年版，序言第13－14页。

因此，实际上，个体对日常的面对面交往及其意义的依赖不是减少而是增加了。正是在这个意义上，我们说，互联网作为人类科技文明的成就，延续了现代性的悖论：个体似乎自由地"畅游"在互联网中，实际上却陷入米兰·昆德拉所言的"不能承受的生命之轻"（the unbearable lightness of being）。

投身于互联网不是个体寻求意义、化解孤独的长久之计，甚至可能相反，互联网往往制造了意义与充实的假象，使个体误以为互联网是真实的情感避风港。在这个意义上，互联网扮演了批判理论家所痛斥的骗子的角色。众多个体将使用互联网当作休闲娱乐的方式，但工具理性的扩张带来了"自由的缺失"与"意义的缺失"。"快乐也是一种逃避，但并非人们认为的那样，是对残酷现实的逃避，而是要逃避最后一丝反抗观念。娱乐所承诺的自由，不过是摆脱了思想和否定作用的自由。"① 或许可以说，互联网与大众娱乐相结合的时代，也是个性消逝的时代。或许，互联网也像马克斯·韦伯所言的理性化窘境那样，是现代人不得不进去但又难以逃离的"铁笼"（iron cage）。

那么，我们真的无能为力吗？

五、结语

我们这里所讨论的很多问题，实质上早已经被经典社会理论家们讨论过了，尽管问题的背景和提法不尽相同。如果说互联网时代的个体境遇与涂尔干、马克斯·韦伯、托克维尔等社会学家所生活时代的个体有什么共同点的话，那就是个体在抽身于传统习惯、集体意识的过程中获得更多自由，但同时，个体的安全感也面临威胁，个体意识与集体意识的联结发生故障。这是涂尔干所言的"失范"（anomie）状态，即"社会在个体身上的不充分在场"（society's insufficient presence in individual）或"社会的缺席"（the absence of society）②。这一问

---

① ［德］霍克海默、阿道尔诺：《启蒙辩证法：哲学断片》，渠敬东、曹卫东译，上海人民出版社 2003 年版，第 162 页。

② Durkheim, E. *Suicide*. Tran. by J. Spaulding & G. Simpson. Glencoe：Free Press, 1951, p. 213, 389.

题同样在互联网时代表现出来。

就本章的主题而言，互联网时代个体所面临的重要难题是：个体获得更多自由，但又陷入孤独和与社会的疏离；个体试图摆脱孤独，却因为无法表达自己的孤独而变得更加孤独。"无法表达自己的孤独"常有两种：一是不知如何表达或无能力表达；二是人人都在表达，但却没有人认真倾听，因而其孤独也就无法被理解。在网络社会中，一方面，个体面临前所未有的表达空间，却往往不知从何说起，难以表达自己的感受；表达者用尽文字、图片、符号，接收者却难以感同身受。另一方面，制造网络喧哗者众，而认真倾听者少；以寻求理解为目的的表达越多，被理解的可能性反而越少。正如社会行动的中介化（行动者之间的距离拉大）会减低个体对他人的同情心和道德感①，社会交流的中介化也会弱化交流双方对彼此情绪、情感的感受和体认。

这种难以言说的孤独，就像米尔斯在《社会学的想象力》中所言的焦虑状态："我们的时代是焦虑与淡漠的时代，但尚未以合适方式表述明确，以使理性和感受力发挥作用……人们往往只是沮丧地觉得似乎一切都有点不对劲，但不能把它表达为明确的论题。"② 这种焦虑状态的重要根源是，庞大的理性组织（科层制）的增加，并没有增进个人的实质理性，反而剥夺了个体理性思考的机会与作为自由人行动的能力。米尔斯对他所称作的以帕森斯为代表人物的宏大理论和以拉扎斯菲尔德为代表人物的抽象经验主义进行激烈批评，因为二者对个人的焦虑与自由丧失的状态视而不见或无能为力。

米尔斯呼唤一种作为心智品质和洞察能力的社会学的想象力（sociological imagination），以使人们利用信息增进理性、看清世事。"具有社会学的想象力的人能够看清更广阔的历史舞台，能看到在杂乱无章的日常经历中，个人常常是怎样错误地认识自己的社会地位的……通过这种方式，个人型的焦虑不安被集

———————————

① 参见 ［美］米尔格拉姆：《对权威的服从》，新华出版社 2013 年版，第四章；［英］齐格蒙特·鲍曼：《现代性与大屠杀》，译林出版社 2002 年版，第六章"服从之伦理"，第 199－220 页。

② ［美］米尔斯：《社会学的想象力》，陈强、张永强译，生活·读书·新知三联书店 2001 年版，第 10 页。

中体现为明确的困扰，公众也不再漠然，而是参与到公共论题中去。"① 无疑，社会学想象力的培育，需要个体在实践层面走出离群索居的生活，参与公共事务，以此表达和化解个体生活中难以言说的各种困扰，而社会学家则需要具有更多的实践精神、公共视野和批判态度，也可以说，培育社会学的想象力是社会学的重要使命②。

除了参与公共生活和社会交往之外，个体更需要有能力在独处之时感知生命的充实，即使置身于无限喧闹的世界里，也会有心灵的充盈感，所谓独处而不孤独，就像捷克作家赫拉巴尔笔下的那个废品收购站的打包工，在脏乱的地下室用那些被丢弃的书籍，将自己武装成心灵最丰富的人。③ 因此，个体需要在对人类文明经典的阅读和思考中丰富自己的心灵。

总而言之，在喧嚣的人机互动的互联网时代，只有建基于社会生活和精神生活的个体生活，才具有根本意义。

---

① ［美］米尔斯：《社会学的想象力》，陈强、张永强译，生活·读书·新知三联书店 2001
　　年版，第 3 页。
② 在这个意义上，我们无疑需要反思过度依赖统计数据的社会学研究所造成的对人的现
　　实感受力的剥夺。
③ 参见［捷］赫拉巴尔：《过于喧嚣的孤独》，杨乐云译，北京十月文艺出版社 2011 年
　　版。

第三章

网络消费与"现代性的厌倦"

首先，我们看几组中国互联网络信息中心发布的统计数据：截至 2016 年 12 月，中国网民规模达 7.31 亿，相当于欧洲人口总量，互联网普及率为 53.2%，超过全球平均水平 3.1 个百分点，超过亚洲平均水平 7.6 个百分点。中国手机网民规模 6.95 亿，网民中使用手机上网人群占比由 2015 年的 90.1% 提升至 95.1%，增速连续 3 年超过 10%。移动互联网依然是带动网民增长的首要因素。

截至 2016 年 12 月，我国网络购物用户规模达到 4.67 亿，较 2015 年底增长 12.9%，网络购物市场依然保持快速、稳健增长趋势。手机网络购物用户规模达到 4.41 亿，占手机网民的 63.4%。移动互联网与线下经济联系日益紧密，2016 年我国手机网上支付用户规模增长迅速，达到 4.69 亿，年增长率为 31.2%，网民手机网上支付的使用比例由 57.7% 提升至 67.5%。手机支付向线下支付领域的快速渗透，极大丰富了支付场景，有 50.3% 的网民在线下实体店购物时使用手机支付结算[①]。这些数字在总体上表明，我国使用互联网的人数越来越多，互联网对人们日常生活的影响也越来越大，"网购"生活的兴起便是这种影响的重要表现。

[①] 中国移动互联网络信息中心：《中国互联网发展状况统计报告》（第 39 次），2017 年 1 月 22 日。

一、"网购":一种生活方式的兴起

网络购物市场的蓬勃发展,是互联网深入影响日常生活的重要体现。如果说上面的数字还有些抽象的话,那么我们身边的现象和事实则更具体生动。例如,我们常常可以在居民小区里看到往来频繁的快递员和他们的送货三轮车,或者在大学校园的门口,看到大学生们在满地堆积的包裹中辨识自己的"战利品"。近几年来,每年的"双十一"像盛大的狂欢节,电商巨头们在"节日"到来时纷纷制造了一场场"全民网购狂欢"仪式。据统计,2015 年"双十一"当天,阿里巴巴 2015 天猫"双十一"交易额达 912 亿元,其中,截至 2015 年11 月 11 日 17 小时 28 分,交易额便已突破 719 亿元,超过了上一年我国社会消费品日均零售总额,而国家统计局的数据显示,2014 年我国社会消费品零售总额 262394 亿元,日均也只有 718.88 亿①。2016 年"双十一"一天的消费进程是,零点过后仅 20 秒,天猫双十一销售额越过 1 亿,开场仅 52 秒,销售额破10 亿大关,6 分 58 秒,销售额过 100 亿。15 点 19 分 12 秒突破 912 亿,超 2015全年双十一当天交易额。18 点 55 分,交易额 1000 亿元,无线交易额占比 83%。2016 年 11 月 11 日 24 时,天猫"双十一"狂欢夜成交额锁定在 1207 亿元②。这些现象与数字,从不同侧面表明了互联网和"网购"的巨大力量。

所谓"网购",即网上购物的简称,是消费者通过互联网(主要是商家网站)检索商品信息,并通过电子订购单发出购物请求,选择在线支付或货到付款,厂商通过邮购的方式发货,或是通过快递公司送货上门,以完成买卖的过程。网购是互联网技术发展日益成熟条件下的一种新的消费方式,也是科学技术推动生活方式变革的重要体现,而各类电脑、智能手机的大面积普及以及互联网接入门槛的降低,为网购的兴起创造了便利条件。对消费者而言,相对于传统的实体商店购物,网购的突出特点是,商品信息丰富,时空约束较少,操

---

① 数据来源:http://finance.qq.com/a/20151112/000722.htm,2015 - 12 - 12.

② 数据来源:http://finance.ifeng.com/a/20161112/15003485_0.shtml,2016 - 11 - 12.

作环节简单，购物过程高效，节约体力和精力的支出等①。

目前，网购已不只是网民的尝鲜猎奇之举，而是很多人日常生活的重要组成部分，甚至是不可或缺的组成部分。"网"上商品门类丰富、应有尽有，如书籍影像、玩具乐器、钟表珠宝、电子数码、衣帽鞋袜、柴米油盐、酒水饮料、家居建材、农用物资等，每大类商品之下还有更具体的门类，它们都可以"不费吹灰之力"地在网上买到。而且，网购不单单是物品消费行为，还是休闲娱乐行为，即不买东西也可以进入电商网站浏览一番，或者关注打折促销信息以紧跟"时尚"，或者漫无目的地"刷屏"以消磨无聊的时光。

进一步说，网购不单是一种新的购物方式和生活方式，在一定程度上其兴起也伴随着心理和思维方式的转变。在"网购文化"中，"去商店买东西"变成"到网上找东西"，"买东西去市场"变成"买东西找电商"；有时，买东西不是因为需要，而是出于无聊，不是为了消费，而是为了消遣；网络商品信息常常"乱花渐欲迷人眼"，令人耗时费力地选择比较，却难以做出决定；消费者往往心怀触摸真实商品的渴望，却懒于到实体店去体验和感受，而宁愿在网络空间中游走闲逛；歪在沙发里等待快递员送货上门，轻松地体验"顾客"成了"上帝"的快感；明知商品送达的大概时间，却要时不时地"刷屏"以追踪快递轨迹，似乎在"享受"等待的焦虑。

因此，对网购的分析，除了顾及科技层面互联网媒介的影响之外，更应关注其兴起的社会意涵。网购带给人一种"欲拒还迎""爱恨交织"的矛盾之感，这种感受，正是网购背后消费社会的文化和心理侧面。对于个体消费者而言，作为生活方式的网购具有如此大的影响力——尤其是其便捷性和高效性，以至于网购及其后果常常被当作日常生活理所当然的组成部分。按照法国社会理论家布迪厄（Pierre Bourdieu）的说法，社会学就是要发现社会世界的"隐秘"，并揭示其背后的支配逻辑。因此，我们有必要剖析，在网购大行其道之趋势的背后，暗藏着怎样的"隐秘"。这不仅关涉到我们如何看待消费社会的兴起，还涉及我们如何审视消费社会中个体的处境和以怎样的态度生活的问题。

----

① 当然，这些特点并不总是存在的，购物有时也低效耗时，甚至造成体力和精力的大量支出。

二、"诱惑"与消费行为的发生

法国后现代社会理论家波德里亚（Jean Baudrillard，又译鲍德里亚、布希亚）在其著名的《消费社会》一书中，描述了一个消费社会的"丰盛"景观："堆积、丰盛显然是给人印象最深刻的描写特征。大商店里琳琅满目的罐头食品、服装、食品和烹饪材料，可视为丰盛的基本风景和几何区。在所有的街道上，堆积着商品的橱窗光芒四射（最常见的材料就是灯光，如果没有它，商店就不可能是现在这个样子），还有肉店的货架以及举办整个食品与服装的节日，无不令人垂涎欲滴。"① 波德里亚所描绘的"丰盛"现象，还属于消费者置身于超市或商场所见到的景象，还是一种身体"在场"的"观看"。在波德里亚出版这本书的1970年，无论在西方国家还是在中国，消费生活还没有和互联网如此紧密地联结在一起，或者说，网购生活尚未兴起。

在如今的网购时代，消费者不仅可以去超市和商场亲眼目睹"丰盛"的商品景观，还可以在电商网站上快速浏览门类繁多的商品，其种类和数量比实体店有过之而无不及。相比之下，在实体商店，消费者对商品的了解依赖于其目之所见，其所见依赖于对商品货架的直观感知，因此消费者会对"有限"的商品有比较全方位的了解。而在电商网站中，一些见所未见、闻所未闻的商品可能会在不经意间就进入眼帘；对商品的寻找和选择也不必像在实体商店里那样沿着货架逐一"观看"，而是只需按商品分类打开网页，或在搜索栏中输入关键词，大量结果便瞬间呈现。而且，在我们见到真实的商品之前，就能了解到关于商品的详细描述（如颜色、形状、重量、大小、产地、销量等），以及其他消费者对商品的评价（且不管评价本身是否客观真实）。电商网站就像波涛涌动的大海，吸引无数人逐浪戏水，但即使最熟练的水手，也难以探知其内部的神秘，甚至可能迷失于其中。

---

① ［法］波德里亚：《消费社会》，刘成富、全志钢译，南京大学出版社2001年版，第13页。

　　与实体店里的商品相比，电商网站（尤其是电商巨头，如中国的京东、当当、阿里巴巴）上的商品，因其信息的完整性（如商品介绍、规格参数、包装清单、商品评价、售后保障、折扣信息、到货时间等），尤其是商品的销量和消费者的评价，使商品产生了一定的诱惑性。这种诱惑性或许来自一种张力：关于商品的信息越丰富、越完美，而人又无法直接触摸到商品本身，商品便显得越神秘，也越能激起人亲眼目睹以探究竟的渴望——就像一个相亲的小伙子，持有一个少女的靓照（照片比本人有更多修饰，就像电商网站的商品图片一样）和关于她个人的全方位介绍（身高、体重、性格、爱好、学历、职业等），但却见不到本人，只能怀着好奇和渴望的心情想象其真容。相比之下，实体店的商品本身非常真实（完全被封闭起来而不能目睹触摸的商品除外），而关于商品的说明往往也简洁具体，商品拿在手里有种一目了然、不过如此之感，换句话说，实体店的商品缺少一种"神秘性"——仍以相亲作比，就像小伙子未见照片而见到了少女，会形成较为直接的第一印象，如此近距离的接触，便弱化了想象的丰富性，她本身的张力便也相对减弱了。在这个意义上，电商网站的商品要比实体店的商品更能激发消费者对商品的想象和购买欲望。

　　电商网站商品的诱惑力还体现在，很多商品往往会比实体店的便宜，其价格与实体店商品的价格的差距越是被明确感知，那么消费者便越倾向于购买电商网站的商品。更重要的是，网上商品的价格可见，而质量不可见（无法触摸到实际物品），这使得人们更多地把注意力分配到价格上而非质量上。商家会定期进行促销打折活动，而且将信息在网站显眼的位置呈现出来，其有限时间内部分商品的价格便形成对消费者的吸引力。而且，电商巨头都有自己的"应用"（APP），其促销活动可以通过手机等移动设备随时随地"引诱"消费者。有时，消费者购买商品往往不是因为"需要"，而是因为"便宜"，其中隐含的消费心理是：虽然没买商品之前，商品并不属于我，但如果在很便宜时不买，内心便可能产生若有所失的相对剥夺感，就好比一个人中了500万彩票大奖，但因为错过了兑奖时间而与巨款失之交臂，会"真实地"感受到巨款丢失之痛，尽管实际上他分文未损。或者，这么短时间内的便宜价格，如果不买，就相当于"拱手送人"了，与其被他人抢占，不如率先拥有。消费行为就这样被"制造"出来。当然，实体店也会有类似的"激发需要""制造消费"的策略，但电商网站信息传播的迅捷和便利（对时间和空间的依赖程度低），使这种"制造"更容易发生。

此外，消费者的消费行为往往建立在他人的消费经验的基础上。有了消费需求的萌芽，未必会产生购买的行为，还依赖于其他条件（如上文所说的有限时间内促销价格带来的"吸引"）。商品的销量、已完成购物的消费者的评价，也会进一步促进"需要"向"行动"的转化，这也是商家非常重视消费者的评价并对其给予奖励的重要原因（如京东商城奖励"京豆"，"京豆"积累一定数量可以抵现金）。与其说将自己的需要建立在他人需要的基础上是从众心理，不如说这是网购本身的逻辑使然——丰富的商品信息、美化的商品形象、喋喋不休的广告、已有评价的参考、对送货时间的承诺等，都对消费者构成诱惑力量，这是"电商系统"所制造的"诱惑"。

对个体消费者而言，往往不是需求导致消费，而是消费导致需求。需求往往是个体化的，而消费则是一种结构性的文化系统——消费文化在不断激发个体的购买需求和欲望。如果消费只是一种使用、吸收、消耗，那么我们应该能以满足收场，然而，我们的消费欲望却不断地增长，这说明它和物质需要的满足以及现实原则没有必然关系。就购物的心理结果而言，真正持久的满足感源于内在的动力，当人的购物需要和消费行为越来越多地被外力所激发时，消费所带来的满足感便会逐渐减弱，购物也会越来越成为无聊厌倦的来源。但购物行为不会因此而终止，而是开始新一轮的"诱惑—购买—拥有—厌倦"的循环。在根本的意义上，受外力驱动的购物行为，并非个体理性的结果，实际上个体置身于一个貌似客观的消费系统中，环环相扣的消费系统以自成体系、自我运行的方式存在着，造成"物"的显现与"人"的退隐。这既是消费社会运作逻辑的体现，也是个体之厌倦感的重要来源。

三、"物"的显现与"人"的退隐

消费社会的重要特点是诸多社会领域的"内爆"（implosion）。根据波德里亚的观点，"内爆"指事物边界的消退和各式各样事物崩溃（collapse）在一起，是与"区别"相反的"去区别化"。相比较而言，高度差异化是现代性的特征，如屠夫卖肉、面包师傅卖面包、菜贩卖蔬菜水果等，而消费社会往往具备去差异化的特征，一些事物和场所之间实现了相互渗透、相互内爆，因而难以做出明确的区分。

就网购而言，"内爆"表现为诸多方面。例如，家庭与商店的边界模糊，家庭也是购物的场所，甚至只要能接入互联网，任何地方都可能成为购物的场所（如通过手机客户端随时随地下订单）；生产者和消费者的界限也变得模糊，消费者为商品的销量作出了贡献，再加上购物完成后的评价和留言，他为商家吸引新的消费者提供了信息基础，进而他也成了生产者的一部分；以前只能在不同场所购买不同物品，现在变成可以在购物网站这个"超级综合商场"里购买；而订单追踪、分期付款等则模糊了过去、现在、未来的边界①。

值得一提的是，手机在日常消费上扮演日益重要的角色。截至 2016 年 12 月，我国手机网民规模达 6.95 亿，增长率连续 3 年超过 10%。台式电脑、笔记本电脑的使用率均出现下降，手机不断挤占其他个人上网设备的使用。移动互联网与线下经济联系日益紧密，2016 年，我国手机网上支付用户规模增长迅速，达到 4.69 亿，年增长率为 31.2%，网民手机网上支付的使用比例由 57.7% 提升至 67.5%。手机支付向线下支付领域的快速渗透，极大丰富了支付场景，有 50.3% 的网民在线下实体店购物时使用手机支付结算②。

在我们看来，"内爆"的重要后果是，消费领域与日常生活尤其是家庭生活领域之界限的模糊化。网购有时就像打开冰箱门拿出一个苹果吃那样的简单；网购既是消费过程，也是享受闲暇或打发时间的过程；网购可以在床上进行，在沙发上进行，在餐桌上进行，甚至可以在马桶上进行。如此一来，消费意识和消费行为也越来越像日常生活那样，以"惯例"（conventional）的方式存在和发生，因而常常被"视若当然"（taken as granted）而不被反思。但是，当我们

---

① 关于"内爆"的生动描写，可参见 George Ritzer. *Enchanting A Disenchanted Word: Continuity and Change in the Cathedrals of Consumption.* California: Pine Forge Press, 2010, pp. 117 – 150.

② 中国互联网络信息中心:《中国互联网络发展状况统计报告》（第 39 次），2017 年 1 月 22 日。

将消费社会和"内爆"都看作历史性现象的时候，便可以进一步分析其特质和影响。

　　想象一下，传统的在集市或超市中购物的场景。在集市，买卖双方的交流过程可能有语言、表情、肢体动作，必要时还会有简短的问候，甚至买卖双方可能因为长期往来而变得较为熟悉，买家成了"回头客"和"老主顾"，进而买卖过程也具有了"社会行动"（social action）的意涵。即使在超市中消费者主要是自己遴选商品，卖家不再是某个具体的人，但其中仍有导购、收银员等与消费者"相遇"，而且消费者也是以群体的方式进行消费，尽管个体消费者之间未必相识。而在网购中，买卖双方的邂逅变得高度抽象化了，卖方化身为电商网站，页面上没有值班经理、售货员、收银员、保洁员，只有大量的商品信息通过图片、文字、视频等表现出来。在消费者眼中，卖家不是"人"，而是"物"，即网站上丰富庞杂、变动不居的信息。此外，网购往往是个体化行为，即使有很多人同时购物，但由于没有众多消费者在场"相遇"，网购也只是"一个人的集体舞"——就像无数个体生活的简单"相加"并不构成社会生活一样。

　　在一定程度上，网购使买卖双方的距离模糊化了，双方通过互联网"虚拟地"完成交易过程。在此过程中，消费者可以"自由地"表达自己对商品的看法，当他在电脑或手持媒体屏幕上浏览商品时，可以非实名地发表评论甚至吐槽谩骂，而不必考虑是否有损自己的形象或冒犯他人，因为买卖双方对彼此来说都已"隐身"，基本不会面对面的接触，只是通过网站间接地产生联系。同样，对卖家来说，消费者也是高度抽象的，买东西的某个人，其言谈举止、形象气质、脾气秉性等都不得而知，不会出现实体店中买卖双方在交易过程中真实具体的"相遇"，如感受到对方的个性气质和喜怒哀乐，进而也会或多或少地受其影响。

　　网购过程中唯一真实的"相遇"，就是送货员或快递将商品送达消费者手中的那一刻。不过，快递员与消费者也是通过"物"即商品而"相遇"的，快递员的职责是将商品如期送到，买者期盼的是商品早些到达。在此过程中，双方的邂逅是短暂的、陌生的、高度片段化和表层化的。无论对买家而言，还是对快递员来说，对方都是匆匆过客和"陌生人"，双方只是通过一件商品暂时地相遇而已，"人"在买卖过程中"退隐"了。尤其在中国社会，快递员主要是来自农村的"打工者"，他们在城市中会无数次与买家短暂地"相遇"，"相遇"之时，买家与快递员除了同处于一个"网购系统"的链条中，便再无任何其他的关联，二者的短暂"相遇"，反而凸显了城乡之别，尤其是城乡身份的差异，笔者曾称之为"流动的城乡界线"。①

"人"的退隐还体现在，网购的高效性实际上也压缩了个体的历史"长度"。我们可以通过和旅游时购买纪念品的比较来说明这个问题。外出旅游的人往往习惯在旅游景点购买一些小纪念品（被强制购买的情况需要另加考虑），以留下个人的记忆，尤其是将愉快的经历和体验"写入"个人的历史，即便世易时移，也可能重现曾经的经历甚至当时的场景，由此，个人的"历史"便和"当前"勾连起来，个人的生活也才显得丰富而厚重，产生"个人的历史感"。②而在网购中，一次次的"网上下单"和"送货上门"，不管内容有何差异，其过程往往同质无二，购物的经历不会像现场选择那样留下相对深刻的印象，因此，即便多次购物、购买不同的物品，似乎也只是某一次购物的简单重复而已，难以积淀下多样化的个体经验和记忆，而多样化的个体经验和记忆的缺失，往往也意味着个体历史感的缺失。

再以购书为例。在实体书店买书，需要步行或坐车来到书店，能够具体地感受到书店的环境和氛围。和不同的书"相遇"，会带来直接的感知和体验，书的质感只能通过触摸而难以靠视觉去体验。人在翻阅书的内容的同时，会真切地感受到书的纸张和质地、印刷风格以及排版细节。从选书开始，人和书便开始了"相处"的过程，书被打上了读者的印记，书也逐渐"走近"乃至"走进"读者的内心。买书时，人对书的所属关系，是基于一定的"相处"和熟悉，甚至形成精神上的默契。因此，书是自由的，它以具体而真实的存在展现给读者，得到读者的尊重；人也是自由的，他或她在感知和选择中表达自己的性情和喜好，整个看书、选书、购书的过程，用常人方法学家的语言说，构成了个人的一项"成就"（accomplishment 或 achievement）。而在网络购书的过程中，

---

① 参见王建民：《社会转型中的象征二元结构——以农民工群体为中心的微观权力分析》，《社会》2008 年第 2 期，或王建民：《流动的城乡界线》，光明日报出版社 2012 年版。
② 当然，这只是相对而言，实际上在"标准化""快餐化"的旅游中，旅游本身也成了流水线的一部分。

上述环节都省去了，书是没有温度的、单调的、不自由的，它以非常陌生的方式来到读者的世界，人与书缺少了相处的真实和默契，似有一种包办婚姻中夫妻初见时的尴尬。网购一本书似乎和买一袋牛肉干没什么区别，在一定程度上抹平了物品的个性和意义，这样，网购过程本身便也变得平淡无奇、索然无趣了。

在网购中，购物过程的高度简化，也意味着它带给买者的时间和空间感受是高度简化的，而时空感的高度简化，便是个体历史的简化。换句话说，网购过程丧失了时间感和空间感，便也丧失了历史感，因为历史感唯有建立在时空感受和记忆的基础上才能形成，尤其需要以人际关系和人际意义交流为基础。在网购中，电商网站、商品信息、物流轨迹、快递速度等，抢占了人的注意力，而其中买卖双方的交流、买方和商品真实而具体的"相遇"以及人对商品的真实感受——简言之"人"的因素，被包裹在了"物"的逻辑之中。而且，网购的高度个体化特征，使个体消费者常常独自面对——确切说，消失在——一个庞大而无形的消费系统中。

在网购的过程中，人的参与和选择，在很大程度上已经被事先设定好了。例如，消费者习惯于根据商品销量和评价来决定他的选择，而销售量再高，只能影响一个人的判断，而难以在本质上提高他对商品本身的了解；评价往往也不具有真实性，在很多情况下，人们随意拷贝一些无关的信息用来评价一件商品。在整个过程中，人的个性、眼光不重要了，因为基本没有哪个环节需要个体特质的发挥，与其说人选择商品，毋宁说商品选择人。甚至可以说，不是人在选择商品，而是人成了商品的一部分，消费者也为商家包装了商品，还给商品做了免费广告。当个体的选择被预先设定，也就意味着在网购的过程中难有个性探险的空间，进而意味着，一次次重复性的"被消费"，也将不断滋生难以名状的无聊和厌倦。

于是，在整个网购的过程中，消费者"自由选择"的背后，其实潜藏着隐秘的支配逻辑，这种逻辑甚至是消费者与商家"合谋"的结果，即消费者本身参与了自身被支配的过程。在某种意义上，这就是布迪厄所言的那种"符号权力"（symbolic power），即在一个社会行动者合谋的基础上，施加在他们身上的权力，它强加并灌输各种分类系统，使人把支配结构看作自然而然的，从而接受它们。社会行动者对那些施加在他们身上的暴力，恰恰并不领会那是一种暴力，反而认可了这种暴力，即这是一种"误识"（misrecognition）的现象①。这就是社会结构（由商家、消费者和各种技术性手段构成的网络购物系统）与心智结构（"网购习惯"及其心理适应）的对应关系所衍生的支配政治学。

四、距离、满足与厌倦

一百多年前，德国社会学的奠基人之一齐美尔在分析现代人的处境时曾说："一个东西之所以对我们来说充满魅力，令我们渴望，经常是因为它要求我们付出一定代价，因为赢得这个东西不是不言而喻的，而是需要付出牺牲和辛劳才能成就的事情。"② 这就是齐美尔论及的"社会几何学"：事物的价值由它与行动者的距离决定。太近，太容易获得，就没有价值或价值很小；太远，太难以获得，也没有价值，因为没有足够的追求动力。这同样可以运用到对网购的分析上。

网购缩短了人和他想获得的物品的距离，而且是极大地缩短了。"足不出户"便可以"待人接物"，而且可能是来自千里之外的"物"。这种距离的缩短，不是像人通过乘坐高速列车、飞机一样，体会到吉登斯（Anthony Giddens）所言的"时空的压缩"③，而是人的身体并未发生位移，因此人体验的不只是时空的压缩，而且是时空感的丧失。时空感的缺失，也使得人的消费体验被压缩和淡化了。在时间和空间的关系上，单纯时间是高度抽象的，它要么通过距离衡量，人通过身体所经过的轨迹丈量时间、体验时间；要么通过内容（事件）衡量，人通过做一件事的步骤和过程感受时间。在很大程度上，体验的丰富性与时空具体化程度成正比，也就是说，人在行动的过程中，越是感受到时间的

---

① ［法］布迪厄、［美］华康德：《实践与反思——反思社会学导引》，李猛、李康译，中央编译出版社2004年版，第221－222页。

② 参见［德］齐美尔：《卖弄风情的心理学》，《金钱、性别、现代生活风格》，顾仁明译，华东师范大学出版社2010年版。

③ 参见［英］吉登斯：《现代性的后果》，田禾译，译林出版社2001年版，第18页。

流逝和空间的变换，那么其体验就越丰富、越深刻。

举例来说，一个人一周七天都待在家里，重复性地吃喝拉撒睡，和每天都外出旅游相比，后者更容易感受到每天生活的具体性，感受到他的体验和每天的时间、地点（空间）直接相关，进而留下更深刻的印象和记忆。就网购生活而言，从网站搜索，到订单确认，再到快递员送货上门，在整个过程中，时间和空间都变得简单化、抽象化了。在时间上，其长度无法通过空间来衡量，因为买者的身体并没有留下一串轨迹；而网络空间中对物品的信息搜索、比较、鉴别，所面对的也是抽象的物品——确切说是物品的符号而不是真实的物品本身，"内容"的具体性和真实性也大打折扣。因此，网购的时空感是缺失的，人的体验也变得空洞化了。

当购物体验变得空洞化时，它所带来的体验就是短暂的、匮乏的、单调的，一次次网购所带来的满足感和喜悦，就像一阵清风，吹来时是真切的，吹过后便了然无痕。满足感越少，厌倦感就越多，也就是说，一次网购带来一次愉快的满足体验，但由于人的体验的空洞化，下一次的购物体验也没有太大的不同，即便有所体验，也具有"单面性"（one dimension），而无聊和厌倦却如影随形。正如齐格蒙特·鲍曼（Zygmunt Bauman）所言，消费是一场没有终点的赛跑，它是一种独孤的行为，即使在这一行为与他人一起进行时也是如此①。

如果把这种厌倦和焦虑看作现代人的一种处境的话，那么它们在本质上折射了现代人精神状况的空虚化和空洞化，也就是说，在被网购充斥的生活中，或在类似于网购这样的生活方式中，精神生活的丰富性丧失了，生活体验被挤压成有限的薄片，每个薄片都折射出它的光芒，但这些薄片却无法汇聚成一束更大的持久的光束以照亮人心。

在"流动的现代性"的条件下，消费是用来对抗不确定性和焦虑的手段，但消费的满足感总是转瞬即逝，陷入与无聊、厌倦甚或焦虑的不断循环之中。例如，有论者对近年开始兴起的"网购超级垃圾"② 的行为及所蕴含的符号意

---

① ［英］齐格蒙特·鲍曼：《流动的现代性》，欧阳景根译，上海三联书店 2002 年版，第256 页。

② "超级垃圾"指价格不菲但买者并不真正需要的物品，买来即被闲置或废弃。

义进行了探讨，指出都市青年白领通过"网购超级垃圾"获得期待感、满足感、刺激感和惊喜感，以此来释放工作和生活压力；缺乏适宜的"释压"途径是都市青年白领采取这种看似不寻常行为来释放工作和生活压力的重要原因①。问题是，网购只是在释放压力、缓解焦虑，但并未化解压力与焦虑的根源，因此网购也只能是现代性的心灵挽歌中的一段插曲而已。

就像齐美尔以活泼幽默的笔调，通过"卖弄风情的心理学"来分析现代生活的"辩证法"那样：一个"卖弄风情"的女人，往往通过搔首弄姿、斜视拈花或关注小孩，来增强她对一个男人的吸引力，相反，完全的正面目光，尽管真挚、热切，却绝对没有这种特别的风情，其吸引力反而减弱。但是，一旦这种吸引力实现，吸引力便也消失了，随之而来是平淡和厌倦。齐美尔引用了柏拉图关于爱情的名言——爱情是拥有和没有的中间状态。如果"没有"，就感受不到爱的激情，如果"拥有"（得到），激情便又化为厌倦。"卖弄风情的心理学"的深刻寓意是：生活中或许最黑暗和最具悲剧性的关系，往往隐藏在生活最令人陶醉和魅力四射的形式背后。相类似地，网购让我们在享受"轻松易得""我购故我在"的喜悦中，也不断体味着现代性的厌倦。

所谓"现代性的厌倦"，可理解为在现代性展开的过程中，由于基于传统和社群的稳固关系和意义的缺失，使得个体内心的满足充实之感往往难以为继，经常出现"满足"与"厌倦"的交替循环，而且满足感易逝，厌倦感易生。网购是现代性的产物，而且主要是一种个体化的消费方式，其在个人生活中循环往复地发生，但每次发生的过程都高度相似且缺少意义深度，难以制造持续的新鲜感和满足感体验，因而随着网购的进行，厌倦感便在不经意间滋生了。

五、结语

"网购"不仅是一种消费方式，而且折射了现代人的生活风格和精神面貌。

---

① 叶珩、范明林：《网购"超级垃圾"：都市青年白领高压力的释放》，《中国青年研究》2013 年第 8 期。

在"网购"环境中，电商网站、商品信息以及购物流程不断向消费者制造"诱惑"，激发其消费行为。"网购"中个体的参与和选择在很大程度上被消费社会的逻辑所设定，缺少个性探险的空间，导致"网购"过程的机械化和表层化。"网购"中人与物品距离的缩短、时空体验的缺失，使人滋生空洞无聊之感。"网购"使人在享受"轻松易得"之喜悦的同时，也陷入"现代性的厌倦"。反思"网购"生活，有助于揭示消费社会的支配逻辑，尤其是网购生活的日常化和家庭化对人的潜移默化的影响。

在《消费社会》一书的结尾，波德里亚以批判的笔调写道："在这里我们重新进入了那种贪恋不舍的预言性话语之中、陷入了物品及其表面富裕的陷阱之中。不过，我们知道物品什么也不是，在其背后滋长着人际关系的空虚、滋长着物化社会生产力的巨大流通的空洞轮廓。"不过，他紧接着说："我们期待着剧烈的突发事件和意外的分化瓦解会用和 1968 年的五月事件一样无法预料但却可以肯定的方式来打碎这白色的弥撒。"① 时至今日，波德里亚所言的"打碎"似乎并没有发生，相反，消费社会的无形之网却以日益密集之势铺展开来，但这不应该使我们走向悲观和无所作为，而应促使我们始终保持反思和警醒的态度。

我们无意于拒绝消费社会的来临，也并非在价值判断上对网购生活方式嗤之以鼻，但消费社会的来临与网购生活的兴起，不意味着我们只能无反思地陶醉于其中，否则，我们也将沦为一件包裹，只是物流的一部分。在一个变化的时代和变动的社会中，遭遇"我是谁"和"这个世界是什么"的问题，会使人在不经意间泛起"现代性的焦虑"，但这种焦虑也意味着自我更新的可能性，因为唯有直面和思索自我的处境，才可能反思性地审视自我并谋划自我的未来。或许，这才是我们讨论网购生活中所潜藏的消费社会支配逻辑的真正意义所在。

---

① ［法］波德里亚：《消费社会》，刘成富、全志钢译，南京大学出版社 2001 年版，第 231 页。

第四章

“微信人” 与网络化时代的生活风格

微信（WeChat）是腾讯公司于 2011 年推出的一个为智能终端提供即时通讯服务的免费应用程序，微信用户可以通过网络快速发送语音短信、文字、图片和视频等。微信相册、朋友圈分享、微信公众号等是广为使用的微信功能。用户通过微信相册可以发布图片，并附上文字描述，微信好友可以点“赞”或文字点评；可以转发其他网站文章，微信好友可以阅读或进一步分享；微信公众号可以不定期地更新信息，用户加关注后会收到更新提示，可以将文章发到自己的朋友圈或发给其他微信好友。根据腾讯公司发布的数据，截至 2016 年第三季度，微信和 WeChat 合并月活跃账户数达到 8.46 亿①，其影响力可见一斑。

“微信，是一个生活方式”，这是微信官网的广告词。如果说经常上网的人可以称为“网络人”（Webber），那么，每个经常使用微信的人可以称为“微信人”（WeChatter）。“微信人”是“网络人”的典型代表，其生活方式的重要特点是：时刻关注微信朋友圈动态，甚至睡前的最后一件事和醒后的第一件事就是翻看朋友圈；将微信阅读当作消磨时光的手段，离开手机或微信便感到空虚无聊；如果没有新的信息或存在未读信息，便可能产生紧张不安之感；常常以微信信息中的观点认识事物，甚至以此指导个人生活；等等。微信的快速发展以及用户对微信阅读的高度依赖等事实，意味着微信生活的兴起不仅体现了互联网技术的进步，而且折射了“微信人”的生活风格。据此，本章试图通过微信生活尤其是微信阅读，管窥网络化条件下“微信人”的生活方式和精神气质，

---

① 参见《腾讯：三季度广告收入增 51%，微信月活跃账户增至 8.46 亿》，《商业文化》2016 年第 34 期。

以期挖掘网络化生活的社会意涵。

一、时空压缩与现实感虚化

随着网络社会的兴起，"在线"（online）成为一种流行的生活方式，微信使用便以此现实为基础。在信息获得的意义上，人们只需通过一部接入互联网的电脑、智能手机或其他电子设备，轻轻地点击鼠标或触摸屏幕，便可以在瞬间获得不计其数的信息，而且信息的形式不限于文字，还包括图片、声音、视频和各种符号。对很多人而言，上网和收发信息已变成一件稀松平常且可以随时随地进行的事。在网络互动中，无论是文字往来，还是音频和视频通话，都生动而真实，在这个意义上，网络生活已不是"虚拟的"了。

微信尤其是微信阅读的广泛流行，充分体现了网络信息传播的"脱域"特征。脱域（disembedding）是吉登斯社会理论的重要概念，通俗地说，是指社会关系摆脱时空"此时此地"限制的特征。吉登斯说："在前现代时代，对多数人以及日常生活的大多平常活动来说，时间和空间基本上通过地点联结在一起。时间的标尺不仅与社会行动的地点相联，而且与这种行动自身的特性相联。"[①]而到了现代社会，时间逐渐与确定的生活地点和具体的社会行动相脱离，成为超越空间的虚化时间；同样，空间也出现了虚化，当世界地图等图示在人们生活中出现时，超越具体时间点的空间范围在人们的头脑中产生了。

互联网尤其是移动互联网技术的发展，使信息获取的时空依赖性降低，极大地压缩了时间和空间（时空压缩），即使两个人相隔万里，也能在瞬间实现信息联通。在网络空间中，一个具体的时间和地点同时也意味着"不同时间"和"不同地点"，因为不同时间与空间的连接与变换更容易地发生了。例如，随着电子地图技术的不断提高，用户可以对自己想要了解的地点进行预览，有的地点还配有近期实景图片，地图软件还可以估算出发地到目的地的大致距离，以

---

① ［英］吉登斯：《现代性与自我认同》，赵旭东、方文译，生活·读书·新知三联书店1998年版，第18页。

及使用不同交通方式所需要的时间。

就微信而言，超过 8 亿用户使用的这一手机应用，不仅体现了信息获得的迅捷性，还意味着人际互联互动变得更为简单直接。在人的时空体验上，微信使用产生的重要影响是时间感与空间感的双重虚化。由于手机随身携带或近在手边，人们几乎不需身体位移便可实现信息的收发，加上网页的开关切换可在瞬间完成，信息获取的"过程"高度缩短，进而带来"时间感"的虚化，即几乎"感受不到时间"。用吉登斯的话说："压缩时间直到极限，形同造成时间序列以及时间本身的消失。"① 即使是边走边看手机，看似经过一段真实的物理距离，其实也缺少过程感，这不仅是因为网页或电子书页是"虚拟的"，关闭或翻过后便了无痕迹，还因为人的注意力高度集中在电子屏幕上，弱化了对环境与过程的感知。

在时间感虚化的同时，空间感也虚化了。在网络空间中，信息的获得不是来自某个地点或位置，例如，不是在办公室或图书馆，也不是在书房或客厅，它存在于电子显示屏的"背后"，似乎离我们很"近"，也离我们很"远"；它没有实在的标志物，无法容纳人的身体并供其延展，没有直观的标准计量其深度和广度，这是一个往往只能想象而难以言说的空间。虽然人们常说网上"个人空间"，但这种"空间"主要指放置数据、文件或日志的地方，它和日常生活中的物理空间有着本质不同。和现实的可感知空间相比，人在微信阅读时对空间的感受是高度虚化的、想象性的。

时间感与空间感的虚化往往也意味着现实感的虚化。就像法国当代社会理论家布希亚（Jean Boudrillard）所指出的那样，拟像（simulacra）、媒介信息、超现实（hyperreality）构成了一个全新的世界，消除了以往的工业社会模式中所有的边界、分类以及价值，现实在退隐②。其所谓"显示在退隐"，主要强调的是媒介信息对人的现实认知和现实感的影响。在网络生活和微信阅读中，用户往往通过来自"线上空间"的信息了解"线下空间"的社会现实，实际上这

① ［美］卡斯特：《网络社会的崛起》，夏铸九等译，社会科学文献出版社 2001 年版，第 530 页。
② 参见［美］瑞泽尔：《后现代社会理论》，谢立中等译，华夏出版社 2003 年版，第 132－133 页。

个"现实"往往是经过"过滤"甚至是想象出来的，况且，"线上空间"的信息又常常来源不明、真伪难辨。依赖于微信阅读来了解现实的"微信人"——用稍微浪漫的语言比喻——往往生活在信息之梦里，而梦境的无处不在，也模糊了梦境和实境的边界。

二、网络内爆与习惯性接受

根据布希亚的观点，当代社会的重要特点是诸多社会领域的"内爆"（implosion），即事物边界的消退和各式各样的事物崩溃（collapse）在一起，一些事物和场所之间实现了相互渗透，因而难以做出明确的区分，这是与"区别"相反的"去区别化"。① 常见的例子是，在大型商场中（如华联商厦），服装店、超市、饭馆、冰激凌店、儿童乐园、课外辅导学校、电影院、美容机构等，往往并置在一起。微信方面的例子是，微信支付使家庭与商店、银行的边界模糊，只要手机微信绑定了银行卡或存入零钱，那么家庭、地铁站、飞机场等都可以是交易的场所；微信阅读模糊了信息源、传播者、传播媒介和受众的界限。

在传统的传播学理论中，传播者主要是指传播行为的发起人，其对信息的内容、流量和方向以及受传者的反应起着重要的控制作用。而在微信阅读中，信息的传播和接收几乎可以同时完成，传播者和受众在瞬间就能进行角色转换；受众也不再是被动地接收信息，而是可以主动地参与到信息的供给和传播中，也可以轻松地设置议程（setting the agenda）。议程设置理论认为，大众媒介往往不能决定人们对某一事件或意见的具体看法，但是可以通过提供信息和安排相关议题，左右人们关注某些事实和意见②。显然，这种"把关"功能在网络化时代尤其是微信使用中大为弱化，因为微信用户可以自主地发布信息，通过自己的朋友圈或公众号自我设置议程。微信阅读使传播者与受众的身份变得模糊，

---

① George Ritzer, 2010, *Enchanting A Disenchanted Word*: *Continuity and Change in the Cathedrals of Consumption*. California: Pine Forge Press. pp. 117 – 150.

② 参见叶皓:《论政府的新闻议程设置》,《江海学刊》2009 年第 6 期。

或可称为"网络内爆"(imploded online)。

手持媒体的微信阅读是网络内爆的典型表现。用户不用主动搜索，朋友圈就会自动转来大量文章，而且阅读可以发生在坐立行走之中，发生在片段零碎的时间间隙。阅读已不限于书店、图书馆、书房，甚至不限于任何场所，可以发生在办公室，在家里，在原野，在地铁上，在饭桌上，在沙发上，在床上；可以站着，坐着，躺着，趴着，或边走边看。只要接入互联网，似乎微信阅读可以无处不在、无时不有、无孔不入。微信阅读越是如此容易和经常，便越会使人滋生这样的感受——没有微信或网络中断，便若有所失。

当微信生活已渐渐成为日常习惯的一部分，进而被视若当然(taken as granted)，它就难以成为人们反思的对象。经常发生的情况是，在微信阅读中，有时"为什么阅读"和"阅读什么"似乎都已经不重要了，重要的是时不时地打开微信看几眼，尽管并没有仔细地阅读；"看一看"已经成为一种不自觉的举动，或者反过来说，如果不"看一看"便会产生莫名的不安。如此看来，微信阅读已不仅仅是日常生活的一部分，还镶嵌在人们的精神世界里，成为日常思维的一部分。"习惯性地"看手机，是网络化时代阅读生态的一个重要侧面。

如果比较一下微信阅读和传统的图书馆阅读，或许更能凸显微信阅读的特点与影响。图书馆阅读，需要步行或坐车来到具体地点，进入阅览室，具体地感受环境和氛围；和不同的书"相遇"，会带来直接的感受，书的质感可以通过触觉和视觉去体验；人在翻阅书的内容的同时，会真切地感受到书的纸张和质地、印刷风格甚至排版细节；在读书的同时，人和书便开始了"相处"的过程，书被打上了读者的印记，人和书的关系，是基于一定的"相处"和熟悉，甚至会带来精神上的默契。而在微信阅读的过程中，上述环节统统省去了，阅读的内容是短暂的，读完了，就像用过的日抛型隐形眼镜一样被丢弃了；阅读一篇微信文章似乎和用一张面巾纸没什么区别，每张都是一样的，用过后丢弃了也不觉得可惜。因此，在一定程度上，微信阅读抹掉了一部分阅读的体验和意义。

网络化尤其是移动互联网的发展，加速了社会生活领域的内爆。在这种条件下，只要手机接入互联网，人便有一种时刻"在线"的安全感，"在线"不仅意味着时刻能与他人取得联系，而且意味着商品买卖、网约车、交通查询、邮件收发、娱乐闲暇以及更多生活服务信息的获得，都有了保证。只要在线，

"网络人"似乎有一种"一切事物唾手可得""天下可运之于掌上"之感，以往需要付出一定艰辛才能获得的东西都可以在"随意"之中实现。"随意"既是随心所欲——人对手机发布"命令"，就会得到执行，也意味着事物如此容易获得，以至于它们似乎没那么重要了——来时极其容易，弃之便不觉可惜，因此对其的态度也变得"轻佻"了。这便引出了"距离"（distance）问题。

三、"轻松易得"的厌倦

德国社会学奠基人之一齐美尔在分析现代人的处境时曾说："一个东西之所以对我们来说充满魅力，令我们渴望，经常是因为它要求我们付出一定代价，因为赢得这个东西不是不言而喻的，而是需要付出牺牲和辛劳才能成就的事情。"[1] 这就是齐美尔"社会几何学"的重要观点：事物的价值由它与行动者的距离决定。太近，太容易获得，就没有价值或价值很小；太远，太难以获得，也没有价值，因为没有足够的追求动力。齐美尔关于"距离"的观点，和他的很多观点一样，都指出现代性在推动了个体自由的同时也带来了诸多限制。

这同样可以运用到对微信的分析上。微信阅读缩短了人和他可能获得的信息（事实、知识、观点等）的"距离"，而且是极大地缩短了。微信是典型的自媒体，相对于传统的图书、报刊、广播、电视、电影等媒介，信息源数以亿计地增加了。所谓自媒体（we media），是指传播者通过互联网这一信息技术平台，通过点对点或点对面的形式，将自主采集或把关过滤的内容传递给他人的个性化传播渠道，又称个人媒体或私媒体[2]。在这个意义上，媒体的定义已大为泛化，只要拥有信息和内容，每个人都可以借助互联网（如微博、微信等）成为一个信息平台，成为一个"媒体"。相对而言，自媒体时代的很多信息已不是稀缺物品。

---

① ［德］齐美尔：《卖弄风情的心理学》，见《金钱、性别、现代生活风格》，顾仁明译，华东师范大学出版社 2010 年版。
② 申金霞：《自媒体时代的公民新闻》，中国广播电视出版社 2015 年版，第 13 页。

从自媒体的角度看，微信阅读使人足不出户便可以"博览群书"，阅读的内容还可能是出自名家之手，即便是千里之外的内容也可以瞬间"到达"；自己发布的信息也可以瞬间传播出去，甚至引发一定程度的"围观"。这种"距离"的缩短，是前述时空压缩的表现，在结果上带来了齐美尔所言的——距离太近、太容易获得，事物便没那么有价值。体现在心理层面就是厌倦的情绪，因为信息轻松易得、源源不断，新鲜感和价值感便难以维系。如果像齐美尔那样，把"厌倦"看作现代人的一种处境的话，那么它折射了现代人精神状况的空虚化和空洞化。也就是说，在被微信阅读充斥的生活中，或类似于这样的生活方式中，精神生活的丰富性丧失了；微信阅读让人在享受"轻松易得""我读故我在"之喜悦的同时，体味着"现代性的厌倦"。

所谓"现代性的厌倦"，可理解为在现代性展开的过程中，由于基于传统和社群的稳固关系和意义的缺失，使得个体内心的满足充实之感往往难以为继，经常出现"满足"与"厌倦"的交替循环，而且满足感易逝，厌倦感易生①。微信阅读是现代性的产物，而且它主要是一种个体化的阅读方式，其在个人生活中循环往复地发生，但每次发生的过程都高度相似且缺少意义深度，难以制造持续的新鲜感和满足感，因而随着微信阅读的不断进行，厌倦感便周而复始地滋生了。

四、"微信人"的精神气质

在上述条件下，当微信阅读越来越成为一种日常的生活方式，它势必对人们的日常体验甚至精神气质带来影响。在我看来，可将"微信人"的精神气质概括为如下六个方面。

第一，害怕和逃避闲暇。微信阅读不会发生在忙得不可开交的时候，有了一定闲暇的人才会成为微信人。在中国社会，尤其是北、上、广、深这样的大城市，人们总是感觉工作与生活非常忙碌，生活节奏太快，没有太多闲暇。实

---

① 参见王建民：《"网购"与消费社会的支配逻辑》，《新视野》2016年第6期。

际上，人们不是没有闲暇，而是没有长时段的闲暇，或者说，闲暇时间是高度碎片化的，可能是工作间歇的几十分钟，或者茶余饭后的两个小时，或者是短暂的周末休息时光。闲暇越短，越难以做出具体的休闲安排，而比较简单的做法就是——看手机、用微信，它不受太多时间和空间的限制，也几乎不需要费力思考，适应了人们安排"短时闲暇"的需要，例如，3分钟的闲暇可谓很短，却能用来浏览微信朋友圈的新消息，或为好友点赞推广，或泛读一篇图文并茂的文章。

微信阅读具有如此的填补短时闲暇的功能，以至于没有微信，似乎如何度过短时闲暇都成了令人焦虑的问题，由此而生的一种心理是：害怕闲暇。害怕闲暇的内在逻辑是，日积月累而成的微信阅读生活，使用户习惯了接受他人分享和推送的信息，而不是主动寻找其他的短时休闲方法。当源源不断的信息推送中断时，微信人便面临一段信息和闲暇的"空白"，这是一段精神难耐的闲暇，也是百无聊赖的空白，尽管其持续的时间可能不长。微信人惧怕零碎而短暂的闲暇，其结果是对手机和微信阅读的高度依赖。因此，看似积极主动的微信阅读和信息收发，其背后可能存在恐惧和依赖的心理。

第二，求新求变的主体幻觉。相比较而言，渴望物质满足是生物人的需求，渴望社会交往是社会人的需求，渴望新奇有趣是游戏人的需求。微信人就是游戏人。随着人们生活水平的提高，物质生活已难以实现人对幸福感的渴求，人们希望有更多的新鲜体验。能带来精神满足的事物，往往不是陈旧和重复的事物，而是新鲜和不断变化的事物，人们对微信的"热爱"便与微信信息频繁更新而且时常有一些趣事有关。

不过，有趣的体验往往来自他人推送的信息，而不是内在自我生成的，随着下一个信息的到来，上一个信息带来的乐趣也很快就被遗忘了；虽然微信人总是寻求满足内心对新鲜事物的渴望，但实际上这种心态是"他人导向"的，即期待他人制造和推送"有趣"。微信人似乎存在一种"主体幻觉"——看似"我"在操作手机、开关网页、寻找乐趣，实际上这都是互联网的信息传播逻辑使然。就微信阅读和信息传播而言，求新求变的注意力嗜好，注定是一场没有终点的赛跑，每个"微信人"都是奔跑者，或者无法停下，或者不愿意停下，或者根本没有意识到自己正飞奔在跑道上。

第三，厌恶平淡的猎奇心理。在微信信息传播中，只有上文所说的"新"还不够，还要有"奇"，才能激起"微信人"的兴趣。"新"与"奇"的主要区别在于，"新"可能只是未曾见过或听过，而"奇"则较为罕见或出乎意料。网络信息传播往往具有新闻效应，也就是说，灾难、丑闻、隐私、怪事、谜团等方面的信息更能吸引人的注意力。在微信阅读中，能够吸引人眼球的，往往不是逻辑周延的论证、鞭辟入里的分析，而是别出心裁的搞怪图片或视频，或语不惊人死不休的吐槽、讽刺、谩骂。

第四，阅读风格的大众娱乐化。微信阅读的内容往往图文并茂、生动活泼，带有明显的视觉文化特征。微信阅读内容的特点是短、新、易、趣，即短小、新鲜、易懂、有趣。微信阅读的内容总体上是一看就懂，需要深思熟虑、百思难解的内容难以成为广为流传的"热文"；内容还要"好玩"，博人一笑者备受欢迎。这样一来，微信阅读其实存在一个"拉平效应"，即一次次推送分享的结果是，那些符合大众口味的内容广为流传，而晦涩文字或艰深观点往往无人问津。

微信阅读的大众娱乐化的后果是敷衍随意的心态，即很多信息都是"过眼云烟""过目即忘"，似乎没有什么值得长期保留和珍藏，哪怕是放在"收藏"里，也不意味着其可贵，只是没有时间阅读罢了。阅读风格的大众娱乐化，使人不愿付出时间和精力来培养个人的独立分析力，而宁愿为他人的看法点"赞"，其结果是对微信阅读的持续依赖。此外，在阅读风格大众娱乐化的背后，还有一种害怕"出局"的心理：别人推送的东西，我要知道，否则就落伍和没有"存在感"了。

第五，接受与拒绝之间的纠结，或"读还是不读"的不安心理。有时，求新求变的结果，并不是真正的变化与更新，一些陈旧的文章常常被重新推送和转发。只要选择经常地阅读微信，就难以避免陈文旧作的"骚扰"。无论是所在的微信群，还是关注过的公众号，未读的信息上都会显示一个"小红点"，即未读标记。如果打开阅读，可能平淡无奇；如果不打开，又怕错过可能的精彩。因此，对微信人而言，"读还是不读，这是一个问题"（To read or not to read, that is a question. ）。这是一种患得患失的心理，这种得失，虽然不是人生际遇起伏那样的得失，但却会令微信人焦虑不安。巨大的人生起伏不常有，而琐碎的焦虑不安却可能如影随形。

第六，渴望表达和寻求关注的"巨婴"心态。医学上将出生时体重过大的婴儿称为"巨婴"，心理学把心理水平滞留在婴儿水平的成年人也称为"巨婴"。在我看来，"巨婴"心理有两种主要表现：一是在意表达自己的感受，而不管是非曲直或是否合宜，就像婴儿随心所欲地哭闹以求满足一样；渴望表达的形象说法是：我存在，也要别人知道我存在（存在感）；我喜欢，也希望别人知道也会喜欢；我难受，也希望别人知道我难受。二是具备独立自决的能力，却不愿意去实践，而宁愿接受他人的安排，就像婴儿渴望被关注和庇护一样。

就微信阅读而言，上述第一个方面的表现是"晒"朋友圈：或者是饭菜，或者是自拍照，或者是路边景色，或者是家庭琐事，甚或是个人的日常隐私，以及热衷于频繁地转发，只要自己认为好的信息，就果断地分享转发之，至于是否给其他人带来信息误导或制造了信息垃圾，则并不在意。当然，也常常存在自己一字未读便转而发之的情况。另一个方面的表现是，本具备独立思考和表达的能力，却常常要借助微信信息中的观点去评判事物，或者说，微信推送中的观点让人懒于思考，久而久之，便也"忘掉"了思考的能力。

需要说明的是，微信阅读给人们的信息获得带来诸多便利，尤其是促进了人际联系和信息上的互通有无。不过，本章主要试图指出微信生活中值得反思的一些方面，因此，这六个方面在一定程度上是从微信的"消极"影响上来说的。

五、结语

在网络化时代，"微信生活"不仅体现了日益发达的互联网技术对社会生活的影响，而且折射了"微信人"或"网络人"的生活风格和精神气质。社会现实感的虚化、生活领域的交叠、距离缩短带来的无聊厌倦，刻画了"微信人"生活方式的主要特征，也凸显了"网络社会是如何可能"的问题——用法国社会学家埃米尔·涂尔干的语言表达就是，如何实现"社会在我们之上，也在我们之中"的社会团结。这是社会理论的经典问题"社会是如何可能的"在网络化时代的延伸。

　　社会批判理论家马尔库塞曾将文化工业之下的现实称为"单向度的社会"，其中逐渐丧失反思批判意识的人成了"单向度的人"（one dimension man）。相类似地，在网络社会中，微信阅读的"他人导向"与"拉平效应"，可能并未加深人对社会现实的思考，甚至可能相反，大量多元零碎、变动不居甚至粗制滥造的信息，充斥着人们的日常生活。不过，问题的根本不在于有多少信息垃圾的堆积，而在于"微信人"可能乐在其中而不自知，或自知而难以自拔。人无法选择一种社会现实，但可以选择个人的生活方式，即便在信息无孔不入的微信生活中，这种选择空间也仍然存在，那就是对社会生活的深度参与并时刻保持一种自我反思的态度。

　　"微信人"不仅仅是对经常使用微信的个体的称呼，而且代表了网络化时代普遍存在的社会群体及其生活状态。微信人是网络化过程塑造的结果，以此为线索可以管窥网络化过程的特点与影响。微信生活的广为流行，表明互联网正在潜移默化地改变着人们的生活方式、交往方式甚至思维方式，这种改变是前所未有的。正在蓬勃开展的微信生活在一定程度上也表明，我们所面对的网络社会是一个与众不同的世界。关于这个世界的认识，"微信人"只是一个窗口，此外还有广阔的探索空间。

第五章

网络"逆向标签化"中的社会心态

从知识社会学的角度看，社会流行语往往是社会变迁的折射和风向标，因为社会现实的变化是人们的言说方式和言说内容发生变化的根源。当然，言说方式和言说内容也会反过来影响和建构社会现实，甚至在某种意义上推动现实的变迁。在中国当前的社会生活中，"富二代""穷二代""官二代""名二代"等成为人们耳熟能详的流行话语，这些话语从一定侧面反映了社会结构和社会心态特点，甚至进一步塑造了人们对社会结构的体验和认知。本章结合社会舆论对"二代现象"的态度，分析其所折射的社会结构和社会心态意蕴，并尝试进行社会学的理论思考。

一、"二代现象"：现实与话语

大约从 2009 年夏天开始，"富二代""穷二代""官二代""名二代"等成为人们所熟知的流行词汇。从字面上看，"富二代"意谓某些人出身于富有之家或子代生而享有或继承家庭财富，至于拥有多少财富才算"富有之家"则没有明确标准，不过，享有或继承的财富越多，越是典型的"富二代"。"穷二代"是和"富二代"相比较而言的，指出身于较为普通家庭尤其是贫困家庭的子女，和"富二代"相比，他们在经济条件、社会地位、社会机会等方面处于劣势。相类似地，"官二代"指某些人出身于官员家庭，尤其是高官家庭，子代凭借这样的家庭背景，拥有比他们的同辈群体更多的社会资源和机会。最后，"名二代"是指"名人"或"明星"的子女。

　　近几年来，一些社会事件引起人们对"富二代""官二代""名二代"的强烈不满，如2009年的"胡斌飙车案"、2010年的"李刚门事件"、2011年的"李天一打人事件"、2012年的"合肥少女毁容案"①，等等。或者说，正是因为这些事件的发生，催生了人们对"二代"这类词汇的大量使用。从社会学的角度看，"二代现象"反映了社会身份的先赋特征，即家庭出身不同，导致子代人生发展路径的差异。当然，中国语境中的"二代"概念往往带有贬义色彩，既指"二代"对财富、权力、身份等家庭资源的继承，也意谓其往往倚仗这些资源自我炫耀，甚至逾越道德底线、触犯法律法规。

　　宽泛地说，"二代"是个长期存在的普遍现象，例如，古代的王公贵族生而享有普罗大众望尘莫及的财富和地位，而普罗大众即便能够通过个人努力改变命运，但往往要付出高昂代价。在社会流动渠道狭窄匮乏的情况下，家庭出身对一个人命运的影响极为深远，好比在传统中国的乡土社会中，科举考试可能是年轻人改变命运的唯一途径，而科考成功、"学而优则仕"者又是凤毛麟角，且往往要付出"头悬梁""锥刺股""少白头"的代价。

　　不过，传统社会中的先赋身份和我们今天所说的"二代现象"有所不同。因为，传统社会的身份等级有相应的价值观念固化之，或者说，社会结构和观念结构的同一，起到稳固现实秩序的作用，这主要体现为儒家伦理与社会政治秩序的内在一致性。正如张德胜所言："事实上，中国自秦始皇统一天下以来的文化发展，线索虽多，大抵上还是沿着'秩序'这条主脉而铺开……儒家正是以建立秩序为终极关怀。"② 儒家伦理的"秩序情结"在心理的意义上体现为"敛欲"，从"孔颜之乐"到"存天理，灭人欲"，无不体现出儒家伦理对秩序的追求和对"少私寡欲"之人心秩序的认可。然而，"为了确保秩序，社会上不同位置的人的不平等权益，并未受到重视，因而彼此间所潜在的利益冲突，亦

---

① 分别参见方益波、余靖静：《杭州"飙车案"被告人胡斌一审被判刑三年》，《新华每日电讯》2009年7月21日；何涛、张莹：《"李刚门"事件目击者为何"集体沉默"?》，《广州日报》2010年10月21日；高健、侯莎莎、李红艳：《李天一刑拘　李双江道歉》，《北京日报》2011年9月9日；鲍晓菁：《合肥少女拒爱遭毁容调查》，《新华每日电讯》2012年2月29日。
② 张德胜：《儒家伦理与社会秩序——社会学的诠释》，上海人民出版社2008年版，第110页。

少有提及"。① 或者说，在皇权政治和儒法文化之下，潜在的利益冲突往往被压制或掩盖了。虽然"自古英雄多磨难，纨绔子弟少伟男"这样的说法，带有对"富二代"和"官二代"的批评意味，但改变现实的动力往往不是底层群体针对上层的社会抗争，而是指向个人的道德修养和自我奋斗。

相比之下，当前的社会分化（贫富差距、社会不平等）在彰显社会结构失衡的同时，并没有相应的社会观念或"人心秩序"与之相对应，而是出现一种矛盾情况：社会鼓励现代性的个人奋斗，主张"知识改变命运"，然而，这一主张却与社会结构固化和社会流动渠道的阻塞相矛盾。有学者指出，现在的中国，社会力量组合的结构已经非常稳定，它具备四个特征：结构定型，即谁是强者谁是弱者，谁是富人谁是穷人，已经定型；精英联盟，形成了政治精英、经济精英和知识精英的联盟；寡头统治现象；赢者通吃格局。这种社会结构状况无疑堵塞了众多普通民众尤其是底层群体向上流动的渠道②。如此一来，社会舆论对"富二代"和"官二代"的批判便不足为奇了，可以说，这种批判既反映了人们对社会不平等的体验和不满，也潜在地表达了他们向上流动的渴望。

如前所述，"富二代"和"官二代"现象自古有之，对这种现象的批评讽刺亦不在少数，不过，当前对"富二代"和"官二代"的批评已成为常态化的舆论氛围。可以说，与古代社会人们对这些现象的批评相比，今人借助便利迅捷的互联网使这种批评迅速地广为人知。从语言学的角度看，以比喻式或象征性的个别词汇描述一个群体，往往具有修辞上的夸张效应，"富二代"和"官二代"这样的词汇也不例外。人们往往在批评、讽喻的意义上用这两个词汇指称那些出身富有家庭或官员家庭的年轻人，并批判他们炫耀财富、为富不仁、滥用权力、践踏规则等。在某种意义上，"富二代"和"官二代"已然成为一种"标签"，被用来指代特定群体所具有的负面特征。这里，我们无意于对那些批判"富二代"、"官二代"的声音做道德判断，而只是在"价值中立"的意义上认为，这种批判方式带有"标签化"的特征。

---

① 张德胜：《儒家伦理与社会秩序——社会学的诠释》，上海人民出版社 2008 年版，第 115 页。

② 孙立平：《警惕精英寡头化和下层民粹化》，《领导文萃》2006 年第 6 期。

二、"二代"批判的"逆向标签化"逻辑

社会舆论对"富二代""官二代"以及"名二代"的批评使我们发现，象征着某种负面身份的标签（labels），未必是强势群体对弱势群体的社会定义，甚至可能相反，是弱势群体对强势群体的话语建构——当然，这种话语建构有其现实根源，即社会不平等和社会矛盾的存在。

标签理论（label theory）的代表人物霍华德·贝克尔（Howard S. Becker）认为："越轨是被社会创造出来的。这并不如人们通常理解的那样认为越轨发生的原因是出于一些特定的社会情境或社会因素，而是说社会群体通过制定规范使那些不符合此规范的行为成为'越轨'，并通过对规范的实施和执行将'违规者'标签为局外人……因此，越轨者是被他人成功贴上越轨标签的人，越轨行为也是指被冠以类似标签的行为。"[①] 推而广之，这种"标签化"不仅存在于对"越轨行为"的定义上，而且存在于更广泛的社会群体之间，即掌握话语权的群体单向地对"沉默的大多数"的身份进行"定义"。

贝克尔所说的标签理论，主要是指掌握话语权的群体对那些无权者所做的"定义"，将一些负面的身份特征强加给后者，而根据前文所述的社会舆论对"富二代"和"官二代"的批评，我们发现一个近乎相反的逻辑：弱势群体将一些负面特征施加在某个强势群体身上，由此形成关于后者社会身份的负面定义，或可称之为"逆向标签化"（inverted labeling）。这里所说的"逆向标签化"和传统意义上的"标签化"有所不同，后者往往体现为强势者通过制定社会规范"定义"弱势者，而在"逆向标签化"中，弱势者不掌握正式的制定规范的权力，"逆向标签化"往往以零碎的日常谩骂的方式表现出来。当然，弱势者对强势者的"标签化"并不稀奇，"为富不仁""为官不仁"等词语即为这种批评，不过，和一般性批评不同，在互联网时代，"逆向标签化"往往借助网络媒介而将其包含的负面信息迅速而广泛地传播开来，进而形成强大的舆论压力。

---

① ［美］贝克尔：《局外人：越轨的社会学研究》，张默雪译，南京大学出版社 2011 年版，第 8 页。

在信息传播的内容和形式上，互联网和传统的平面媒体不同，弱势群体往往没有机会直接在平面媒体尤其是官方媒体上表达自己的声音，甚至一些平面媒体所呈现的弱势群体形象可能只是媒体一厢情愿的结果。而网络化时代则不同，互联网使弱势群体有更多机会表达自己的情绪和利益，尽管这种表达未必制度化、系统化，也未必能够解决其所诉求的问题，但它起码传达出一些不同的声音。因此，在传播媒介的意义上，互联网为"逆向标签化"提供了可能性，也因此，众多社会意见才会借助互联网而形成强大的舆论压力，进而推动"逆向标签化"的发生。

互联网在发布和传播信息上的主要特点或优势包括：门槛低、传播快、匿名性和视觉效应等。具体来说，互联网的进入门槛相对较低，发布、转载和评论信息较容易；网络信息跟帖、转载速度快，尤其是微博、微信，会在短时间内被大量受众阅读或浏览；由于网络发言的匿名性较强，网络语言更容易具有夸张、渲染的特点；同时，网络视频、图片所带来的视觉效果，使得信息更容易给人留下直观印象并引起受众的情绪反应。更重要的是，将移动通信和互联网结合起来的移动互联网，进一步挣脱了信息传播的空间限制，极大地提高了信息获得的便利性的信息传播速度。

近几年发生的"富二代""官二代"以及"名二代"的违法犯罪行为挑战了民众的心理底线，激起强烈的"民愤"，以至于人们在日常生活中和在互联网上以调侃、戏谑、辱骂的语言批判"富二代""官二代"和"名二代"，进而形成"逆向标签化"的效果。而"民愤"意味着，绝大多数批评者都不是"富二代""官二代""名二代"之违法犯罪行为的直接受害者，而是非直接利益相关者，而非直接利益相关者对事件的真实性和严重性并没有确切了解，因而其批评更容易夹杂着个人情绪，并对相关事件或人物形象加以渲染。如此一来，对个别"二代"的批评便形成强大的舆论效应，个别形象也被建构成群体形象。在某种意义上，"富二代""官二代"和"名二代"被建构成一种带有众多负面特征的"想象的群体"，至于"富二代""官二代"和"名二代"的真实而完整的生活是什么样的，可能批评者并不知晓。

"逆向标签化"的策略主要包括"特殊个案普遍化"和"具体事实想象化"。这两个策略同样适用于强势群体对弱势群体"贴标签"的情况，即对有关事实（事件或人）进行信息加工（增加、删减或歪曲）和想象，由此将个别事实上升到普遍性层面。具体来说，"特殊个案普遍化"是指，个别人的越轨行为被看作他所属群体的整体行为，如"胡斌飙车案"被称为"富二代飙车案"，以至于人们往往只知道肇事者是"富二代"而不知"胡斌"这个名字，一个具体名字被变成"富二代"这个集合名词。"具体事实想象化"是指，由于局外人对具体的事件并没有直接的切身了解，往往远距离地、想象性地对事件本身及其当事人进行评价，因而存在信息加工或歪曲的可能，如"药家鑫事件"，网络舆论因药家鑫是"开车"的学生，而认定其为"富二代"，并将其与娇生惯养、自私自利、冷酷凶残等负面形象连在一起，但这种身份认定一开始是在没有充分事实依据的基础上做出的。

三、"逆向标签化"背后的社会心态

一些"富二代""官二代"或"名二代"的违法犯罪行为激起民愤有其现实根源。在社会结构失衡和凝固化的情况下，"二代"的违法犯罪行为锐化了众多民众的弱势感受和不公平感，进而激发人们释放出对贫富分化与社会不公的强烈不满。可以说，"逆向标签化"反映了普遍民众渴望公平正义的社会心态。

我们可以以"李刚门事件"为例，分析"逆向标签化"所折射的社会心态。2010 年 10 月 18 日，猫扑网贴贴板块上，一篇帖子描述了一起校园车祸：2010 年 10 月 16 日晚 9 时 40 分，河北大学两名正在玩轮滑的女生在学校宿舍区超市门口被一辆汽车撞到，被撞者均为河北工商学院大一新生。帖子称："当时车速很快，时速大约 80 至 100 公里。被撞女生被撞飞，而且这辆车撞人后并没有减速，后轮竟从一名女生的身上碾过。""在撞到人后，他竟然继续行进，想从大门口逃跑，后被学生及保安拦下。下车后，肇事者未表现出丝毫的歉意，他竟然说：'看把我（的）车（给）刮的！你知道我爸是谁吗？我爸是李刚！

有本事你们告去!'"①

截至 2010 年 10 月 18 日傍晚,该帖子点击量已达 143 万,引起了媒体和舆论的轩然大波。一死一伤的严重车祸后果自不必言,而网络上流传的肇事者被拦住后的一句"我爸是李刚",则触动了公众的心理底线。显然,"我爸是李刚"的潜台词是:"你们敢拦我?我爸是公安局副局长,你们能把我怎么样?""我爸是李刚"迅速成为网络流行语,被很多网友以搞笑的方式改编,甚至以造句比赛的方式在互联网上流传,如"床前明月光,我爸是李刚""假如生活欺骗了你,不要悲伤,我爸是李刚""我爸是李刚,你值得拥有"等。嬉笑怒骂的网络用语,可以理解为以搞笑戏谑的方式对肇事者猖狂言行的讽刺和声讨。

民众对事件的热议和对肇事者的声讨,在某种程度上折射出一种集体心态,即对猖狂的权力的愤怒、奚落和仇视,而肇事者也被当作"官二代"的典型加以批判。诚然,不是所有的"富二代"和"官二代"都倚仗财富和权力而无所顾忌,媒体尤其是互联网的报道也存在渲染放大之处,但我们认为,与其说民众的反应是对事件的放大,不如说正是这样的事件使民众积聚的情绪终于冲破闸口,也使得个体化情绪的释放有了相对集中的目标,进而形成一种集体性的情绪表达。

显然,不是所有对"肇事者的猖狂"表达愤怒的人都一定是直接的利益受害者,之所以表达愤怒的情绪,在于其同样的"弱者地位",以至于,利益受损的弱者和无直接利益关系的弱者形成一种"想象的共同体",这样,一定程度上的集体性愤怒情绪便得以形成。民众的情绪表现得愈强烈,意味着其内心积聚的愤怒也愈加沉重,而愤怒则根源于实际生活中的权力和财富分配的不均衡。德国社会理论家马克斯·舍勒(Max Scheler)曾经提出了一条关于"怨恨"(ressentiment)的社会学定律:"一个群体的政治、法律或者传统的地位与其实际的权力,越是不一致,则怨恨扩散的心理动力就越强。"② 权力和财富上难以逾越的鸿沟的存在,以及众多的社会不公正,是集体性愤怒的结构性根源。

---

① 参见何涛、张莹:《"李刚门"事件目击者为何"集体沉默"?》,《广州日报》2010 年 10 月 21 日,以及百度百科"我爸是李刚"词条。

② Scheler, Max. *Ressentiment*. Milwaukee, Wisconsin: Marquette University Press, 1994, p. 33.

民众的情绪是社会结构的反映，也是社会结构的结果。具体来说，社会分化——既包括权力分化，也关涉贫富拉大——已经从外在的结构性事实，渗入到人们的心态之中，或者说，分化的社会结构已经转化成了心态和情感上的分化：对于肇事的"富二代"和"官二代"而言，他们在心态上已然自命和自视为"强者"；至于那些弱势群体，无论是否愿意，在心态上已处于被动的"弱者"地位。这种强弱之分，也已然成为强者和弱者的"社会观"，只不过前者是欣然接受，后者是被动承受罢了。

内化于集体心态中的社会分化，相对于外在物质条件的改善而言，内心深处的社会分化或心态结构，是一种更难改变的社会事实，因为它是外部不平等的社会结构"喋喋不休的灌输"的结果。

四、"想象的征服"

社会舆论对"富二代""官二代""名二代"的批判，除了发泄愤怒情绪之外，还表达了一种"想象的征服"的社会心理。以"药家鑫事件"为例，该事件发生后，引起了强烈的社会反响，其反响之强烈的原因有很多，如残忍的杀人手段、凶手的学生身份及其"雷人"的语言（药家鑫称杀死受害者，是因为对方是农村妇女，比较难缠），此外还有重要的一点是，媒体尤其是网民的大量参与，推动了博客、微博、网站论坛上关于"药案"的讨论，相关的长文短论可谓不计其数。

在"药案"所引发的网络民意中，主张"处死药家鑫""不杀不以平民愤"，"杀人偿命，欠债还钱"者大有人在。也许其中有"复仇心理"的存在——杀人者该被杀，残害他人者该被残害。但在这一传统心理之外，我们似乎可从当下现实中寻找舆论所以"哗然"的根源。在网络社会中，我们不要忘记，一方面，虽然网络中的交往带有虚拟性，但网络民意却是社会现实的反映，民众情绪往往是社会结构的折射，也是社会结构的结果。因此，我们需要透视网络民意背后所"隐藏"的社会结构。

显然，和"李刚门事件"发生后的民众情绪类似，绝大多数高呼"处死药家鑫"的人都不是"药案"的直接受害者，他们也未必遭遇过亲人被袭或被杀的悲剧，那他们为什么还持有这样的观点？当然，可能有些人是从法律和正义的角度出发而得出"处死药家鑫"这一结论的，这是理性分析的结果。但对于网络空间中即时性参与的网民而言，很多人同时高呼"处死药家鑫"却不是个人之理性思考能够形成的，其背后或许隐藏着某种集体性心理——"药案"的出现为他们曾看到或遭遇的某种欺凌或不公正对待，提供了一个宣泄情绪和释放不满的出口，因此"处死药家鑫"就成为弱者（"药案"中的死者显然属于弱势群体）对强者胜利的象征，我们姑且将这种心理称为"想象的征服"。

"想象的征服"实际上是一种自我心理暗示，它以现实的人物或事件为基础，构建出强弱对峙的双方，然后想象弱势一方对强势一方的胜利，想象者也会因此获得胜利的快感。想象者以具有"残暴形象"的现实人物（如药家鑫）作为"假想敌"，即便这个现实人物和他并无直接利害关系，但通过对这个人物的批评和否定，在一定程度上可以排遣在现实生活中无法化解的不满情绪。因此，害人者虽未直接害己，却同样该遭痛骂、控诉和惩罚。

不难想象，药家鑫成为千夫所指的对象是因为：首先，大学生开轿车是家庭较为殷实的象征，难怪"药家鑫事件"发生时，互联网上出现"富二代肇事杀人灭口"的传言；其次，当记者问及"为什么撞人后还要杀人"时，药家鑫口出"农村妇女很难缠"这种带有污名的说法，而这被理解为"城市富家子弟高高在上的姿态"；最后，在之前的"富二代飙车案"和"李刚门事件"中，肇事者都是20多岁的年轻人，而药家鑫在年龄与家庭身份上又与此有某些相似之处，而且这些事件在时间上也相隔不远。基于这些原因，再加上一些媒体极尽渲染之能事，药家鑫的"罪恶形象"便呼之欲出了。

结果是，一个药家鑫，成为诸多社会不满甚至社会怨恨的众矢之的。这种"他人犯罪，人人得而诛之"的心理，看似充满暴戾之气，实则是无能为力的体现。对于一些弱势群体来说，心中的不满与仇恨，也许只能通过"假想敌"来宣泄，而弱势者的弱势地位和社会不公并未因此而改变。因此，"想象的征服"并未解决现实的社会问题，反而可能与社会问题"合谋"并造成更多"无能感"甚至"怨恨"心理的积聚和蔓延。

"想象的征服"的极端体现就是"弱者对弱者的欺凌"，即怀有怨恨心理又无力寻求制度化排解之道的弱势者对其他无辜者的伤害。例如，在"郑民生事件"① 中，郑民生"想象的征服"的心理，已完全被他的非理性情绪左右，导致他将屠刀指向了幼儿园的孩子。对幼童的屠杀被想象为对"社会"或体制的"征服"，然而，这种"征服"没有"胜者"，只是制造了更多悲剧。

药家鑫的犯罪行为可怕，而"想象的征服"同样可怕，因为它可能将压抑的情绪放大，使人减弱或丧失理性，甚至将怨恨的矛头指向社会弱者，造成"弱者对弱者的欺凌"，而"社会结构"这个"罪魁祸首"可能"沉默不语"甚至"逃之夭夭"。当人们只能通过他人的罚与被罚、伤与被伤、杀与被杀来化解自己内心的不满和怨恨时，我们必须要追问这些负面情绪之所以长期积聚又难以疏泄的社会根源。

如前述所，权力和地位上鸿沟的存在，以及众多的社会不公，是集体性怨恨的结构性根源，而情绪疏解渠道的不足，则导致不满情绪积累，甚至演变成怨恨的心态。社会转型过程中的一些社会分歧和矛盾，有一些属于市场经济发展中的正常现象，但有时针对社会矛盾形成了一种过于强调稳定的模式，即将社会生活中的大事小情都与社会稳定问题联系起来，将维稳渗透于政府工作乃至社会生活的各个方面。悖论的是，在这种思路下形成的一些化解社会矛盾的措施，有时反而加剧了社会分歧和矛盾，甚至一些日常生活中与体制无关的矛盾也演变为对体制的怀疑和怨恨②。尤其是，随着互联网的快速发展，"线上空间"与"线下空间"交互影响，一些负面社会心态有借助网络媒介而传染和放大的趋势。网络民意是社会问题的风向标，网络是发现和反映社会问题的重要渠道，但社会问题的根本解决，还依赖于网络之外具体的制度安排。

---

① 孟昭丽、涂洪长：《南平案凶手郑民生一审获死刑》，《新华每日电讯》2010 年 4 月 9 日。

② 参见清华大学社会学系社会发展研究课题组：《"中等收入陷阱"还是"转型陷阱"？》，《开放时代》2012 年第 3 期。

五、结语

"逆向标签化"反映了社会结构失衡和凝固化所带来的夹着不满、愤怒甚至仇视的社会心态，这种心态往往以"怨恨式批评"的方式表现出来。这种怨恨心态既是社会不平等的结果，也是民众对社会不平等的感知。虽然网络媒介为普通民众提供了表达声音、发泄不满的途径，但"众声喧哗"的网络表达难以形成稳定的制度化力量，即便"逆向标签化"是释放压力情绪的方式，但其本身并非解决实际问题的建设性途径。

内心深处的社会分化或心态结构的改变，需要从改变外在的社会结构开始——缩小贫富差距，克服权力滥用，减少社会不公，捍卫法律尊严，通畅利益表达渠道，等等。化解"怨恨式批评"的根本之道在于社会建设，尤其是建立与市场经济相适应的利益均衡机制，至少包括信息获得的机制、要求表达的机制、利益要求凝聚和提炼的机制、施加压力的机制、利益协商的机制、矛盾调解和仲裁的机制等①。这种制度建设的过程，也是重塑社会心态的过程。从积极的角度看，我们可以把社会舆论对各种"二代"的批评，看作社会变迁的信号和呼声，这种呼声应该被允许适当地表达和释放。因此，"怨恨式批评"也是一种自下而上的推动制度变革的力量，虽然这些力量单薄而分散，但应该引起相关部门管理者和决策者的高度重视。

---

① 孙立平：《转型社会的秩序再造》，《学习月刊》2011 年第 7 期。

第六章

从"激情"到"调整"：宏观社会心态的变迁

上一章分析了结构性压力与网络化条件下"逆向标签化"的社会心态，本章则试图从社会变迁的长时段过程比较分析不同时期宏观社会心态的特点。

从学术史的角度看，我们可以在社会学家的著作中发掘社会心态研究的理论资源，如涂尔干（Emile Durkheim）指出集体情感具有不同于个体情感的"自成一类"（sui generis）的特征①；马克斯·韦伯划分的行动类型中就有情感行动（affectual action）；托克维尔强调民情（mores）和心灵的习性（habits of the heart）对一个国家政治与社会发展的基础性作用②；在当代，情感社会学扩展了社会心态研究的传统视野，回应了社会变迁的复杂性与多元面向③。这是我们思考中国社会心态及其变迁问题的重要理论参照。

---

① ［法］迪尔凯姆（涂尔干）：《社会学方法的准则》，狄玉明译，商务印书馆 1995 年版，第 12 - 14 页。
② 参见 ［法］托克维尔：《论美国的民主》（上、下），董果良译，商务印书馆 1988 年版。
③ 参见 ［美］乔纳森·特纳：《人类情感：社会学的理论》，孙俊才、文军译，东方出版社 2009 年版。Hochschild, Arlie Russell, "The Sociology of Feeling and Emotion: Selected Possibilities", *Sociological Inquiry*, 1975, 45: 280 - 307. Barbalet, J. M., *Emotion, Social Theory, and Social Structure*: A Macro - sociological Approach. Cambridge: Cambridge University Press, 1998. Turner, Jonathan. & Jan E. Stets, *The Sociology of Emotions*. Cambridge: Cambridge University Press, 2005.

一、社会心态研究的兴起与反思

改革开放近 40 年来，中国在取得举世瞩目的经济成就的同时，也逐渐衍生了一些社会问题。在诸多社会问题中，除了人们所熟知的结构层面的教育、医疗、养老、住房、就业、环境等方面的问题之外，一些与以往相比更为"内隐"的社会心态问题也日益凸显出来，引起学界的高度重视，并产生了大量研究成果，由此形成"转型心理学"① "社会心态研究"② "情感研究"③ 等议题。宽泛而言，这些研究均可纳入社会心态研究的领域，彰显了中国社会学对"人心"问题的学术关怀。

所谓"社会心态"，一般指一段时间内弥散在整个社会或社会群体/类别中的宏观社会心境状态，是整个社会的情绪基调、社会共识和社会价值取向的总和④。我们可以将国内关于社会心态的研究分为三类：一是侧重从学理层面对社会心态概念进行学术史的梳理和界定⑤，指出社会心态的"社会性"与"总体性"，并探讨相应的测量指标⑥。二是将社会心态置于中国社会转型的大背景中考察，将社会心态研究视为社会转型研究的题中之意，以更完整地把握社会

---

① 参见方文：《转型心理学》，社会科学文献出版社 2014 年版。
② 参见王俊秀：《社会心态：转型社会的社会心理研究》，《社会学研究》2014 年第 1 期。王俊秀：《社会心态理论——一种宏观社会心理学范式》，社会科学文献出版社 2014 年版。
③ 参见郭景萍：《情感社会学：理论·历史·现实》，上海三联书店 2008 年版；成伯清：《怨恨与承认——一种社会学的探索》，《江苏社会科学》2009 年第 5 期。
④ 杨宜音：《个体与宏观社会的心理关系：社会心态概念的界定》，《社会学研究》2006 年第 4 期。
⑤ 同上。
⑥ 王俊秀：《社会心态的结构与指标体系》，《社会科学战线》2013 年第 2 期。

转型的过程与实质①。三是深入社会心态内部，从具体侧面考察现实的社会心态问题、产生根源及化解之道，相关观点如"体制性迟钝"催生"怨恨式批评"②，怨恨情绪源于社会利益分配失衡③，通过建立公民权制度化解怨恨④，网络化条件下社会认同出现新的分化与整合问题⑤，等等。

在很大程度上，关于社会心态的研究都或多或少地体现了结构功能论的视角。在帕森斯那里，作为整体的社会结构，需要在经济、政治、社会、文化及其所承担的功能上协调平衡，才能实现有序发展；反之，如果其中某个系统及其功能失调，那么整个社会秩序便难以维持了。进而言之，如果社会结构不协调，那么受其影响的人格系统以及社会心态便可能出现失调的情况；换言之，社会结构与心态结构的错位，将产生社会问题和心理问题。改革开放以来，我国的经济建设取得了巨大成就，但随之而来的经济发展与社会发展的不平衡问题也引起了社会各界的重视。社会学家陆学艺指出，中国发展出现一种不协调性，即社会结构滞后于经济结构、社会建设落后于经济建设⑥。在很大程度上，社会建设的滞后所引发的问题，是社会心态问题出现的结构性根源，加之社会监测与疏导机制不足，出现了不信任、不安全感、怨恨甚至暴戾之气等人心问题。

结构功能论视角的社会心态研究主要关注影响社会心态的条件，或对社会

① 参见王俊秀：《社会心态：转型社会的社会心理研究》，《社会学研究》2014年第1期；周晓虹：《中国人社会心态六十年变迁及发展趋势》，《河北学刊》2009年第5期；周晓虹：《"中国经验"与"中国体验"》，《学习与探索》2012年第3期；周晓虹《转型时代的社会心态与中国体验——兼与〈社会心态：转型社会的社会心理研究〉一文商榷》，《社会学研究》2014年第4期；王小章：《关注"中国体验"是中国社会科学的使命》，《学习与探索》2012年第3期。
② 成伯清：《从嫉妒到怨恨——论中国社会情绪氛围的一个侧面》，《探索与争鸣》2009年第10期。
③ 朱志玲、朱力：《从"不公"到"怨恨"：社会怨恨情绪的形成逻辑》，《社会科学战线》2014年第2期。
④ 王小章、冯婷：《论怨恨：生成机制、反应及其疏解》，《浙江社会科学》2015年第7期。
⑤ 刘少杰：《网络化时代的社会结构变迁》，《学术月刊》2012年第10期；刘少杰：《网络化时代社会认同的深刻变迁》，《中国人民大学学报》2014年第5期。
⑥ 陆学艺：《当代中国社会结构与社会建设》，《北京工业大学学报》（社会科学版）2010年第6期。

心态不同侧面进行解析和测量。但从宏观社会变迁的角度看，社会心态不仅仅是社会成员当前的某种心理状态，其本身就包含了对社会变迁、过往经验、当前际遇以及人际关系状况等方面的理解。过往的社会环境和生活经验会塑造当前的社会心态；以往社会环境的变化也会产生或影响新的社会心态。这样一来，我们便需要透过宏观的社会变迁，考察不同时期的社会心态及其总体特征。在这个意义上，社会心态研究是社会变迁研究的题中之意，而社会变迁研究是理解社会心态变迁的必要前提。

从理论上看，历时性地把握社会心态及其变化的重要意义在于，宏观和总体视野下的社会变迁分析，在一定程度上可避免社会科学过于微观和碎片化的弊病，以审视时代的一般性和总体性问题，或者说，共同的时代问题。

二、三个时期的社会心态及其特点

中国社会学家常常把改革开放以来的社会变迁称为"社会转型"[1]，而对社会转型的理解，常常是基于改革开放前后的对比做出的，如"计划体制"与"市场体制""封闭社会"与"开放社会""乡村社会"与"城镇社会"等。但是，改革开放以来的不同时期，社会转型所呈现的特点和问题又不尽相同，例如孙立平认为20世纪90年代以来的中国社会表现出与改革开放早期不同的特征，从"生活必需品时代"到"耐用消费品时代"对不同群体带来不同的影响，一些底层群体可能被甩出社会结构之外[2]。因此，对一些社会问题的分析和讨论，需要结合不同时期的特点来进行。

我们尝试将1949年新中国成立以来的社会变迁分为三个时期，每个时期的

---

[1] 参见郑杭生、郭星华：《中国社会的转型与转型中的中国社会——关于当代中国社会变迁和社会主义现代化进程的几点思考》，《浙江学刊》1992年第4期；李培林：《另一只看不见的手：社会结构转型》，《社会学研究》1992年第5期；李培林：《再论"另一只看不见的手"》，《社会学研究》1994年第1期；袁方等：《社会学家的眼光：中国社会结构转型》，北京出版社1998年版。

[2] 参见孙立平：《断裂：20世纪90年代以来的中国社会》，社会科学文献出版社2003年版。

社会发展主题和所面临的问题不同，相应的社会心态也各有差别。我们可以用表 6－1 表达三个时期的时代主题及相应社会心态的特点。当然，三个时期分界点的选择带有权宜性，因为任何对社会变迁的时段划分总会与社会事实存在一定距离。

表 6－1　三个时期的社会心态及其特点

社会时期	时代主题	社会心态	社会心态主要特征
1949～1977	政治建设	政治激情	认知和情感高度政治化；革命精神；英雄主义
1978～1997	经济建设	经济热情	追求经济利益，崇尚物质财富
1998～现在	社会建设	多元调整	焦虑、不满；众多心态并存；缺少共识性认同

第一个时期（1949～1977 年），时代主题是政治建设，主要社会心态是政治激情、革命热情，社会心态的主要特征是人们的认知和情感高度政治化，缺少自发调节空间，换言之，政治权力高度形塑社会心态；崇尚革命家和英雄人物，政治家和军人是备受推崇的英雄，在"全国人民学习解放军"的口号下，"解放军"在一定程度上成了时代精神的象征；在平等主义意识形态的感召下，"人民"可以"当家做主"，人们感受和想象的是身份上的一致和相似；即便表现为经济建设的"工业学大庆""农业学大寨"，实际上也是政治激情推动下的带有"革命"色彩的经济行动。

第二个时期（1978～1997 年），与上个时期界分的标志性时间和事件是1978 年党的十一届三中全会召开。这个时期的时代主题是经济建设，口号是"以经济建设为中心"，主要精神是经济热情，社会心态的主要特征是追求经济利益、崇尚物质财富；备受推崇的是"商业头脑"；拥有财富往往比拥有理想更能激起人们的认同。改革开放之后，商品经济、市场经济逐渐繁荣，一些政府机关人员、企事业单位工作人员等放弃在传统体制内的工作，转而创业经商、谋求发展，掀起了一股"下海"潮，这可以看作是"经济热情"的重要体现。另一方面，20 世纪 80 年代的文化热，在一定程度上可以看作是对"经济热情"消极后果的反弹，即"有钱"之后的空虚落寞催生了对精神满足的需求，关于文化与信仰、道德与理想的讨论便因此而蔚然兴起①。

第三个时期（1998 年至今），与上个时期界分的标志性时间和事件是 1998 年的城镇住房制度改革。选择这个时点的主要依据是，住房商品化改革以及大中城市房价逐渐攀升，给城市居民的日常生活带来了巨大影响。这个时期的时代主题是社会建设，在一定程度上社会建设是作为应对经济增长引发的问题或经济结构与社会结构的不协调问题而提出来的。这一时期的主要精神是社会心态处于调整期和过渡期，表现为政治激情不再，一些经济热情退化为物质利益追求（经济热情往往带有理想性，而物质利益追求则专注于物质本身）；在多重压力汇集又缺少充分调节和释放的情况下，焦虑、不满、怀疑等负面社会心态逐渐滋生，在中低收入群体中尤为明显。进入 21 世纪之后，在互联网日益发达的条件下，人们热衷于在网络空间表达自我、评论时事，但缺少共识性认同。

我们将第三个时期社会心态的特点概括为"多元调整"，一方面试图说明社会心态具有一定的"失范"或茫然无措的意味，另一方面则强调社会心态具有明显的阶层或群体差异的特点。就第二个方面而言，我们比较强调的是在贫富差距拉大、社会流动渠道不畅以及社会生活压力增加的情况下，中低收入群体的焦虑、不满甚至怨恨的心态。下文具体分析这种社会心态的根源。

三、新时期焦虑与不满的社会根源

在第三个时期，随着市场经济的发展，人们在物质生活较为丰裕之后渴望寻找意义，在多种生活压力（如高房价、看病难、子女教育费用高等）之下需要缓解焦虑、表达诉求。但同时，随着贫富差距拉大以及一些社会不公正现象的存在，不同阶层之间存在大量分歧甚至怨恨，缺少共识性认同，互联网空间中的"众声喧哗"便折射了社会分歧的状况。2001 年左右兴起的"国学热"②

---

① 当然，"文化热"还有其他背景，如对改革之前历史的讨论和反思，此处不赘。
② 中央电视台科教频道推出的"百家讲坛"节目是引领这次"国学热"的核心力量，内容涉及哲学、历史、文学，政治、经济、文化等多个领域。

在一定程度上反映了人们对理想、信念、意义的渴求，而 2004 年党的十六届六中全会明确提出的构建社会主义和谐社会的指导思想，也表明党和国家对社会问题和社会建设的高度重视。

不满和焦虑等的社会心态的增加，与 20 世纪 90 年代以来"资源的重新积聚"有关。这个过程是由多种因素造成的，如有学者指出，市场机制、收入差距拉大、贪污受贿对社会公正的破坏等，造成收入和财富越来越集中在少数人手里；尽管城乡之间壁垒森严，但通过税收、储蓄以及其他途径，大量农村中的资源源源不断地流向城市社会；在税制改革的推动下，中央政府获得越来越多的财政收入，然后将这些收入集中投向大城市特别是特大城市；证券市场的发展，企业间的重组和兼并，将越来越多的资金和技术、设备集中到数量越来越少的企业之中①。这些因素从根本上改变着中国的资源配置格局，其重要后果是，众多低收入群体向上流动艰难，在心态上表现为对当下环境不满，对未来生活消极悲观。

20 世纪 90 年代末影响深远的一项改革是住房制度改革。1998 年 7 月，国务院发布《关于进一步深化城镇住房制度改革加快住房建设的通知》，宣布从同年下半年开始全面停止住房实物分配，实行住房分配货币化，首次提出建立和完善以经济适用住房为主的多层次城镇住房供应体系。截至 1998 年底，全国已经全面停止实物分房，城镇住房制度发生了一次根本性的转变，但在住房货币化改革的过程中，住房不公平现象不断拉大。住房分配货币化改革以及房价攀升，对于将"房"视为"家"的中国民众尤其是中低收入群体而言，其产生的影响是不言而喻的，很多家庭需要举全家甚至几家之力购买一套房产，还可能背上沉重的贷款，"房奴"一词便体现了高房价下民众的生活压力和负面内心体验。

进入新世纪以来，焦虑、不满、分歧等社会心态有增加的趋势，可以说，在焦虑、不满缺少沟通和对话渠道的情况下，便出现不同群体之间的分歧甚至矛盾。在众多社会分歧和矛盾中，有一些属于市场经济社会中的正常现象，但有时针对社会矛盾形成了一种过于强调稳定的模式，即将社会生活中的大事小情都与社会稳定问题联系起来，将维稳渗透于政府工作乃至社会生活的各个方

---

① 参见孙立平：《资源重新积聚背景下的底层社会形成》，《战略与管理》2002 年第 1 期。

面。悖论的是，在这种思路下形成的一些化解社会矛盾的措施，有时反而加剧了社会分歧和矛盾，甚至一些日常生活中与体制无关的矛盾也演变为对体制的怀疑①。

随着互联网技术的快速发展，其参与门槛日益降低，人们的网络"发声"也越来越容易。在"线上空间"与"线下空间"交互影响的情况下，一些负面社会心态往往借助网络媒介而传染和蔓延，产生广泛的影响。因此，在分析当前的负面社会心态时，我们不可忽视互联网的迅速发展及其影响。

四、网络化条件下社会焦虑的表达

进入 21 世纪尤其是新世纪的第二个十年之后，中国互联网的发展日益迅速。根据中国互联网络信息中心发布的数据，截至 2016 年 12 月，中国网民规模达 7.31 亿，相当于欧洲人口总量，互联网普及率为 53.2%，超过全球平均水平3.1 个百分点，超过亚洲平均水平 7.6 个百分点。中国手机网民规模 6.95 亿，网民中使用手机上网人群占比由 2015 年的 90.1% 提升至 95.1%，增速连续 3 年超过 10%，移动互联网依然是带动网民增长的首要因素②。互联网对人们工作、学习和日常生活的影响越来越大，其中一个重要方面是为民众表达不满与焦虑情绪提供了渠道。

不过，与互联网发展相关的焦虑有两种情况：一种是既有的社会焦虑通过互联网表达和扩散开来；另一种是互联网兴起本身也会制造新的焦虑，前者可称为"作为体制性后果的焦虑"，后者可称为"作为网络化后果的焦虑"。这种区分对我们认识当前的社会心态问题具有重要意义。

（一）作为体制性后果的焦虑

互联网的参与门槛低，信息的传播速度快，而且网民可以通过发帖、评论

---

① 参见清华大学社会学系社会发展研究课题组：《"中等收入陷阱"还是"转型陷阱"?》，《开放时代》2012 年第 3 期。

② 中国移动互联网络信息中心：《中国互联网发展状况统计报告》（第 39 次），2017 年 1 月 22 日。

等方式参与其中，尤其是近些年微博、微信的兴起，为民众表达社会不满提供了渠道，带有讽刺意味的"富二代""官二代"等词语便体现了这种不满。本书第五章将网络化条件下网民对"富二代"和"官二代"的批评称为"逆向标签化"现象，其中夹杂着焦虑与怨恨的社会心态。美国社会学家霍华德·贝克尔所说的标签理论，主要是指掌握话语权的群体对那些无权者所做的"定义"，将一些负面的身份特征强加给后者①，而社会舆论对"富二代"和"官二代"的批评则体现出相反的逻辑：弱势群体将一些负面特征施加在某个强势群体身上，由此形成关于后者社会身份的负面定义。在互联网时代，"逆向标签化"往往借助网络媒介而将其包含的负面信息迅速而广泛地传播开来，进而形成强大的舆论压力。

"逆向标签化"的主要特点是"特殊个案普遍化"和"具体事实想象化"。特殊个案普遍化是指，个别人的越轨行为被看作他所属群体的整体行为，如"胡斌飙车案"被称为"富二代飙车案"，以至于人们往往只知道肇事者是"富二代"而不知"胡斌"这个名字，一个具体名字被变成"富二代"这个集合名词。具体事实想象化是指，由于局外人对具体的事件并没有直接的切身了解，往往远距离地、想象性地对事件本身及其当事人进行评价，因而存在信息加工或歪曲的可能，如"药家鑫事件"，网络舆论因其是开车的学生，而认定其为"富二代"，并将其与娇生惯养、自私自利、冷酷凶残等负面形象连在一起，但这种身份认定一开始是在没有充分事实依据的基础上做出的。

显然，不是所有的"富二代"和"官二代"都炫富炫权，媒体信息尤其是互联网舆论也存在渲染放大之处。不过，与其说网络舆论的反应是对事件的放大，不如说正是这样的事件使民众的情绪表达找到了出口，只是"表达"本身的重要性超过了对事实客观性的尊重。就"富二代飙车案"而言，显然大多数对肇事者表达愤怒的人都不是直接利益受害者，之所以表达愤怒的情绪，或许在于其同样的弱者地位，以至于利益受损的弱者和无直接利益关系的弱者形成一种"想象的共同体"，这样，一定程度上的集体情绪便得以形成。就此案例而

---

① 参见［美］贝克尔：《局外人——越轨的社会学研究》，张默雪译，南京大学出版社2011年版。

言，现实社会中的不公正尤其是公权力滥用问题，往往是集体性负面心态（如焦虑、不满、怨恨）的根源。

（二）作为网络化后果的焦虑

互联网的重要影响是推动了社会生活的个体化。在网络社区中，个体与社会的疏离表面上被互联网所消弭，似乎人与人的联结更加紧密，但实际上，个体之间通过网络媒介联结，不意味社会性的生成，反而会使个体变得孤独。这是因为，网络交往削减了日常生活中的面对面互动，尤其是丰富细腻的情感交流。人对电脑、手机、互联网的兴趣侵蚀着与友人面对面交往的兴趣，虽然个人的网友众多，但常常处于离群索居的状态。正如图克尔所言，"我们上网是因为我们繁忙，但结果是花在技术上的时间更多，而花在彼此之间的时间更少。我们将连接作为保持亲近的方式，实际上我们在彼此躲避"。①

除了日常工作之外，上网更多地被网民用来当作休闲娱乐的手段，如收听网络音乐、观看视频电影、打网络游戏、浏览微信朋友圈等，这种休闲和娱乐往往只是"一个人的舞蹈"或"孤独的狂欢"。而且，依赖于互联网的休闲娱乐，实际上是依赖于电子媒介和互联网的技术逻辑，对互联网的依赖越多，往往越难以体验到深度自我和与他人的密切联结。虽然网络空间中的活动有多人参与，但在现实生活中，网民往往是独自一人面对电子屏幕，线下的孤独与在线的热闹相伴而生。

此外，很多网络空间中的个体言说状态是——人人渴望表达诉说，却少有人愿意认真倾听。时常出现的情况是，满腔热情地发表一番言论，却发现应者寥寥或被骂个狗血淋头，实际上骂人者可能根本就没在意言说者所言为何意；在甲方看来幼稚和低俗的观点，在乙方那里可能备受吹捧；很多事物已经无法激起人们的参与热情，因为即使参与可能也只是以一片争论告终，或者认真的思考只是遭到戏谑嘲讽。如此等等，不一而足。当个人通过互联网将内心情感表达出来，经过苦苦等待却发现无人问津时，失落感、孤独感、焦虑感将由此滋生。这样，个体对"在线"的依赖越多，可能变得越孤独苦闷。这就是互联

---

① Turkle Sherry, *Alone Together*: *Why We Expect More from Technology and Less from Each Other*. New York：Basic Books, 2012, p. 281.

网制造的社会心态，它可能无关乎"线下空间"的经历或问题，但往往与之交织在一起。

五、结语

社会心态中的焦虑与不满有两个重要来源：一是源于体制和制度环境，尤其是制度缺失、公共权力滥用、贫富差距拉大、社会沟通机制不畅等；二是源自现代性的后果——互联网的兴起及其对日常生活的深度渗透。在实际的生活中，焦虑与不满的这两个来源可能被混淆。毫无疑问，制度缺失、公共权力滥用等问题是客观存在的，需要对其予以批评，但如果不加区分地只看到前者，便可能把一切问题都归结为体制因素，甚至归咎于政府，这往往导致对公共环境的消极和不信任的态度，实际上并不利于积极的社会心态的形成。

相应地，化解焦虑与不满、营造平和而有意义的生活需要从两方面入手：一是大力推进社会建设，尤其是建立与市场经济相适应的利益均衡机制，至少包括信息获得的机制、要求表达的机制、利益要求凝聚和提炼的机制、施加压力的机制、利益协商的机制、矛盾调解和仲裁的机制等方面。这种制度建设的过程，也是重塑社会心态的过程。二是以"文明"成就滋养高度专门化、技术化的个体，或者说这是"人心建设"；东西方文明都有关于何为"好"人、"好"的制度与"好"的生活的思考，不断地从中汲取思想的营养，在一定程度上能克服"单向度社会"中人之异化的生存状态。

第七章

网络化条件下社会压力的宣泄[①]

一、引言

在网络化时代，寻求对话的诉求可能陷入非理性的消极后果，这种后果往往源于"线下"社会问题与互联网信息的紧密结合。"线下"社会问题蕴含了非理性表达的可能性，而互联网媒介和信息则起到传播和助燃的作用，简言之，"线上空间"与"线下空间"的互动推动社会事件的演变。

在这一章，我们主要围绕"保钓游行事件"进行分析。首先，我们从钓鱼岛说起。钓鱼岛又称作钓鱼山、钓屿、钓台或者钓鱼台岛，由钓鱼屿、黄尾屿、赤尾屿、南小岛、北小岛及其附近的三个小礁组成，位于北纬25度44分至25度56分和东经123度28分至124度34分之间，距温州市约356千米、福州市约385千米、基隆市约190千米，陆地总面积约6.3平方公里。钓鱼列岛自古就是中国的领土，是我国台湾苏澳、基隆地区渔民的传统捕鱼作业区[②]。

从20世纪70年代开始，中日关于钓鱼岛主权归属问题的争端不断，两岸三地民众及海外华人为了捍卫钓鱼岛及其附属岛屿主权进行了广泛的民间保钓运动，其形式主要有集会游行、抗议示威、出海登岛等。1970年9月1日，我国台湾"中国时报"的4名记者登上钓鱼岛，并插旗宣示主权，标志第一次

---

① 本章与张璐合作。

② 参见百度百科"钓鱼岛""保钓运动"词条。

"保钓"的开端，自此保钓运动在全球各地轰轰烈烈地展开，并一直延续至今。

1996 年 7 月日本宣布把钓鱼岛划入 200 海里专属经济区，同年 7 月 14 日，日本右翼组织"日本青年社"登上钓鱼岛的北小岛设置了太阳能灯塔，这引发了我国香港、台湾以及加拿大多伦多等地华人的保钓大游行，第二次保钓浪潮随即兴起。2003 年 6 月 22 日，15 名来自内地与香港的华人组成保钓团前往钓鱼岛，这是中国大陆民间组织首次出航参与保钓运动，是第三次保钓运动的开始。2004 年 3 月 24 日，冯锦华等 7 人成功登上钓鱼岛，这是中华人民共和国成立后我国大陆居民首次登上钓鱼岛，在保钓运动中具有里程碑意义。

2012 年至今，中日围绕钓鱼岛的争端开始升级。2012 年 4 月 16 日，正在美国华盛顿访问的日本东京都知事石原慎太郎发表演讲，称"东京都计划在年内'购买'钓鱼岛"。① 同年 9 月 11 日，日本政府全然不顾中方的强烈抗议，拨款 20.5 亿日元与所谓的土地所有者"栗原家族"签订"购岛"合同，实现其"国有化"方针，这直接激起了第四次保钓运动浪潮。

中国政府严正声明：日本政府的所谓"购岛"完全是非法的、无效的，钓鱼岛是中国固有领土，任何人休想侵占一丝一毫。与此同时，《北京晨报》《现代快报》《北京青年报》等媒体，"新华社《中国网事》"《三联生活周刊》等微博，纷纷报道或评议保钓行为，进而激起了全国各地以及海外华人的爱国热情。与前三次保钓不同的是，这次保钓通过互联网的报道和传播而具有新的特点，其发展之迅速、视觉冲击力之强、参与人数之多等，为以往历次保钓运动所不及。

2012 年 8 月 19 日，全国性保钓游行示威拉开帷幕，当日就有深圳、武汉、青岛等近十几座城市自发组织保钓游行示威。随后数日，以"打倒小日本，保卫钓鱼岛""抵制日货，从我做起"等为口号的反日保钓游行示威在全国各地如火如荼地进行，网络上也晒出了各种各样的言论和照片。然而，最引发争议的是保钓游行中的"打、砸、抢、烧"现象，我们暂且称之为保钓运动中的"非理性行为"，表现为很多日本品牌的车辆、照相机、饭店等被砸或被烧，还发生

———

① 参见《日本东京都知事称东京政府欲购买钓鱼岛》，见 http：//news. cntv. cn/20120419/101055. shtml，2012－04－19.

日本品牌的车主、店主被打伤的情况。各大网站迅速转载相关文字和图片，引发了强大的舆论效应。

保钓游行本身是爱国行为，是为了保卫钓鱼岛而进行的民间爱国运动。在现实的游行中，保钓却表现出强烈的非理性特征，即一些民众以打砸抢烧的形式对无辜的同胞进行伤害，甚至造成大量财产损失。从社会学的角度看，这些极端行为不是一般意义上的集体兴奋，而是与当前我国的社会状况密切相关，体现的是转型期结构性压力的非理性宣泄，以及个体的社会归属感的缺失。

在保钓游行中，一方面，游行活动为那些积聚大量负面情绪的民众提供了释放的机会和渠道；另一方面，游行所营造的集体气氛带来了短暂的社会团结，民众通过网络围观、网络组织、网络号召和实际参与等形式获得了暂时的"集体感"与"社会感"，这种社会团结迎合了个体化生活下人们渴望交往和归属的心理诉求。在信息繁杂的互联网时代，面对社会转型期的结构性压力，如何建立疏导社会情绪的长效机制并实现可持续的社会团结，是值得我们深入思考的问题。

二、爱国行为中的理性与非理性

"保钓"游行是 2012 年最具影响力的网络社会事件之一，称其为"网络社会事件"，在于它不是单纯的"线下空间"行为，而是在互联网信息环境和网络信息传播的条件下而开展的。相对于其他网络社会事件，"保钓"表现出了强烈的"爱国亢奋"，那么，这种爱国亢奋背后蕴藏着怎样的心理诉求呢？

（一）"爱国"：久违的共识

据日本新闻网 2012 年 4 月 17 日报道，4 月 16 日下午在美国华盛顿访问的日本东京都知事石原慎太郎，于当地的一个研讨会上发表演讲称"东京政府决定从私人手中购买钓鱼岛（日方称"尖阁列岛"）"。[①] 4 月 18 日，央视新闻对

---

① 参见《日本东京都知事称东京政府欲购买钓鱼岛》，见 http://news.cntv.cn/20120419/101055.shtml，2012 – 04 – 19.

此事进行了报道，紧接着央视网、中国网络电视台、《新闻1+1》《今日关注》、新浪微博等网络媒体对此事进行了迅速的报道和转载，一时间整个网络都充斥着中国人对于日本"无耻行为"的愤怒和谩骂之声。面对其他国家对我国领土与主权的公开挑衅，很多民众在"爱国心"的名义下迅速行动起来。

2012年8月15日，日本警方以"非法入境"的名义逮捕乘"启丰二号"登陆钓鱼岛的中国香港保钓人士，此事在网络上一经报道，便引起了中国政府和民众更加严厉的斥责和更热烈的保钓爱国行动，"保钓"瞬间成为一个全国性的网络事件。"爱国"的心理共鸣成为连接网络上众多网民的纽带，形成集体性的共识与归属感。在这种久违的集体情感的渲染之下，全国各地上演了一系列保钓游行示威活动。

如前所述，从20世纪70年代开始，两岸三地民众及海外华人就捍卫钓鱼岛主权问题，多次在民间自发开展保钓爱国运动，那为什么"保钓"的怒火在2012年燃烧得如此猛烈，成为一个炙手可热的网络社会事件？可以说，在互联网大规模兴起之前，"保钓"的群众号召力有限，保钓倡导者往往只能借助平面媒体（报纸、杂志）进行宣传，而平面媒体的信息传播主要是单向的，难以快速地引起信息源与受众之间的广泛对话与讨论。随着互联网的快速发展，社会事件一经上网，往往就能引起强大的社会反响，反过来，网络效应又进一步推动了事件的发展。

（二）爱国行动中的个别非理性行为

从2012年8月开始，以"爱国"为名义的保钓游行运动断断续续地进行着，最激烈的是2012年8月至11月两岸三地的游行示威活动。其中，大部分民众能以"理性爱国、文明游行"为准则，但也不乏以"爱国"为名义的种种非理性行为。这里所谓的"非理性行为"，是指一种与理性行为相对的主要以情绪发泄为目的的、带有冲突性甚至破坏性的行为。

保钓游行中的非理性行为，主要表现为保钓游行人员往往情绪性地对凡是日系品牌的事物，包括车辆、餐厅、百货商品等进行打砸抢烧，有的行为甚至造成严重的人身伤害。

保钓游行中的打砸抢烧事件迅速在网络上引起热议，网络上形成了截然对立的两个阵营：一个阵营严厉斥责这种"非理性"行为，认为保钓不是为所欲为，更不是借机撒野。打砸抢烧行为是在丢中国人的脸，是在伤害自己骨肉同胞的心，是在玷污爱国情结，甚至是触犯法律的犯罪行为。应积极遏制这种现象的蔓延，倡导理性爱国、文明保钓，表现出作为一个中国人应有的"素质"，而不是让外国人看中国人"窝里斗"的热闹。另一阵营却持截然相反的态度，认为在日本不顾中国的反对私相授受中国领土的无耻行为面前，已无法再用理性行为来维护国家的主权和领土完整，必须以暴力的方式让日本看到中国人"保钓爱国，抵制日货"的决心。

从理性的角度看，打砸抢烧行为已经背离了爱国的初衷，变成了违法犯罪行为，这使我们不得不反思。

（三）保钓中的"真"与"假"

从保钓游行爱国抗议示威中出现的一些打砸抢烧的行为，其背后隐藏着群体性的非理性情绪发泄的成分。从社会学的角度看，以集体目标为动机的冲突要比以个人目标为动机的冲突"更激进、更冷酷无情"①。保钓游行被认为是以"爱国"这个集体目标为名义的超出个人利益和动机的活动，很多打砸抢烧者便自恃代表"人民"的爱国者，表现出极端的破坏性行为。

2012 年 9 月 15 日，全国各地很多打砸抢烧恶性事件被报道后，理性民众纷纷对其进行斥责与批评，理性爱国的口号在主流大众媒体与网络媒体中传播开来。新华社"中国网事"发表"年轻的理性，让人看到希望"；大河网 9 月 15 日发表"打砸抢烧不是爱国是害民"；《中国新闻之窗》杂志 9 月 16 日发表"理性抗议现爱国，烧抢砸劫真害国"；政务微博、媒体微博、个人微博纷纷向公众呼吁，少一点盲从，多一点理性，依法理性地表达爱国热情。

打砸抢烧等非理性行为，仅仅是一般性的非理性情绪的表现吗？这种行为是否有其深刻的社会根源？如果有，说明这种非理性情绪已经在积压、酝酿，即便没有保钓游行，也会在一定时刻通过某种方式释放出来。

---

① ［美］刘易斯·科塞：《社会冲突的功能》，孙立平译，华夏出版社 1989 年版，第 88 - 89 页。

三、非理性行为背后的社会情绪

从根本上说"保钓"是爱国行为的体现，但在实际的行动中却出现一些民众发泄社会情绪。在我们看来，在一定程度上，致使这种情形出现的根本原因是转型期社会结构的失调以及释放社会情绪的"安全阀"的缺失。

（一）压力中的社会情绪

当前，中国社会正处于快速的转型期，整个社会充满了活力，也滋生了很多问题。由新旧混合、现代与传统重叠所造成的"文化脱序"使社会成为一个"混合物"。借用金耀基的观点，从总体上，中国转型期社会在一定程度上表现为"异质性""形式主义""重叠性"的特征。第一，异质性。在经济上，自足的经济制度与市场制度杂然并存；在政治上，传统的观念与现代的观念并存；在文化上，西化与保守杂然并存；在社会上，传统的家庭制度与现代的会社组织并存。第二，形式主义。即"什么应是什么"与"什么是什么"之间的脱节。转型期社会，整个社会呈现形式主义色彩：学校教育上文凭主义、升学主义。第三，重叠性。尽管社会结构已趋分化，社会功能已趋专化，但是每一个组织并不是完全"自主"的，亦非完全"功能专化"，因此，无法有效地完成其使命。处于这种社会转型状态下的"过渡人"遭遇"价值的困窘"，失去对新旧价值的信仰，成为"无所遵循"的人，陷入一种"交集的压力"，扮演"冲突的角色"，有的成为深思苦虑"完善的自我"的追求者；有的则成为"唯利是图"不受价值约束的安人①。这种传统与现代交织的情形，容易使人们感到混乱，造成茫然无所适从的焦虑心态。

在中国现代化的过程中，由于教育事业的发展，报纸、无线电、电视、电脑的出现与广泛使用，大多民众参与到"庞大的沟通网"中，普遍参与的现象已逐步发展，尤其是互联网提供了一个相对自由宽松的网络环境，网民可以通过微博、微信、论坛发帖、制作视频等形式来表达自己观点或释放心理压力。在一定程度上，沟通网的形成与逐步完善为社会情绪的表达和社会共识的形成

---

① 参见金耀基：《从传统到现代》，中国人民大学出版社 1999 年版，第 71 – 75、81 页。

提供了可选择的机会。保钓行动之所以能够如此高涨，离不开庞大的沟通网，尤其是互联网的广泛使用：网民通过网络表达自己对钓鱼岛问题的态度与想法；网民之间进行频繁的互动；"保钓"倡导者通过网络发起倡议并有目的地组织游行活动；一些网民将游行的照片、视频传上互联网，如此等等，形成庞大的舆论效应。

不过，一些社会矛盾并没有得到充分的释放，结果是，民众的不满会在内心积聚，还会在民众中相互影响和蔓延。与此同时，在中国快速的经济发展过程中，和民众日常生活密切相关的问题也不断出现，如房价畸高、医药费昂贵、教育成本不断增加、养老压力越来越大等，成为很多民众不得不面对的结构性压力——"不能承受的生命之重"。结果是，民众的压力、焦虑和不满情绪会在内心积聚，如果这种情绪没有得到及时合理的释放，便可能通过极端的方式发泄出来，甚至造成对弱者和无辜者的伤害（如伤害幼童的事件），而这进一步在更广泛的层面带来紧张焦虑的社会情绪。

（二）"安全阀"的缺失

社会冲突论的代表人物美国社会学家刘易斯·科塞（Lewis Coser）提出了"安全阀制度"，即不毁坏结构的前提下使对立的情绪释放出来以维持社会整合的制度，是一种社会安全机制。就此而言，如果非理性情绪可以通过适当的途径得以释放，就不会导致更激烈的冲突，就像锅炉里的过量蒸汽通过安全阀适时排出而不会导致爆炸一样，因而从总体上缓解社会压力，有利于社会结构的维持。在保钓事件中，民众的非理性或敌对情绪的发泄，在一定程度上折射出日常生活中社会安全阀的缺失，使得本应排出的"过量蒸汽"因为缺少释放渠道而不断积累，并在保钓游行过程中突然爆发出来。一般而言，不良社会情绪积聚越多，在疏解渠道不充分的条件下，其爆发的剧烈程度便越大。

（三）社会情绪的释放

一般而言，社会情绪是指人们对社会生活的各种情境的知觉，通过群体成员之间相互影响、相互作用而形成的较为复杂而又相对稳定的态度体验，这种知觉和体验对个体或全体产生指导性和动力性的影响。就其构成而言，社会情绪首先是群体成员对客观事物的共同的态度体验和相应的行为反应；从情绪表现来看，至少是群体成员比较一致的情绪爆发。尤为重要的是，社会情绪具有很强烈的群体情绪认同，在情绪上引起共鸣①。总而言之，社会情绪通过社会交往与互动而形成众多人所共有的情绪特征。

随着互联网的飞速发展，网络空间中的社会情绪可以迅速、大面积地传播扩散开来，使那些本没有此种情绪的人们迅速被感染，进而形成更大的社会情绪潮流。反之，现实中人们的社会情绪在拥有网络传播能力的网民的迅速传播下，使原本不知情的其他网民很快受到影响，形成呼应现实的更大的情绪潮流。

在保钓事件中，部分网民的非理性情绪通过网络媒介，如微博、微信、论坛、贴吧等"网络战地"表达出来，一些网民以文字或图片的形式来表达或宣泄自己对于"保钓"的立场与态度，其中不乏许多夹杂着偏激情绪的言论。这种夹杂着偏激情绪的言论受到一些网民的追捧，并有更多网民加入其中，通过转帖、跟进、评论等方式进一步传播这种言论，于是，这种"非理性情绪"就像"滚雪球"一样越滚越大。

从社会学的角度看，社会情绪须通过"安全阀"释放，才不至于造成更严重、更具破坏性的结果。政府与社会需要为高涨的负面社会情绪提供一种安全阀制度，为个体释放情绪提供合理的渠道。

有学者提出"弹性维稳"概念，即正视社会矛盾的常态属性和利益属性，既无须把社会冲突上升到政治高度，也无须把利益冲突政治化②。因此，确保政府能在第一时间听到群众的声音，可以成立相关舆情收集部门，及时掌握社会情绪，在危机发生之前或发生时能有效地引导群众合法地释放情绪。当然，在民众以违法方式释放社会情绪时，应及时给予法律制裁，以达到一种"示范效应"，引导民众合理合法地释放情绪。

四、中间讨论：转型期的伤害行为

正处于社会转型期的中国，经济体系、思想文化、社会体制等尚处于过渡

---

① 沙莲香编：《社会心理学》（第二版），中国人民大学出版社 2006 年版，第 179 页。
② 陈家喜：《弹性维稳模式消解群体冲突》，《人民论坛》2011 年 S2 期。

阶段，其中所存在的问题对个体社会成员而言，常常带来结构性压力，即个体往往同时承受来自外部环境的多方面压力和负担，这种压力和负担难以通过个体的方式化解，如果缺少释放的渠道，压力便可能通过个体的"极端"行为表现出来。因此，结构性压力的后果值得注意和反思。

（一）社会压力的后果：伤害行为

社会压力在转型期的中国社会无处不在，它反映的是人们在社会生活中因种种原因达不到自身所期望的目标时而产生的一种焦虑紧张状态，是"理想与现实的差距"。当然，社会压力不一定是坏事，适度的社会压力可以激发斗志，成为人们改变生活现状、提高生活水平的动力源泉；但过度的社会压力则可能湮灭斗志，严重干扰人们的日常生活，让人感受不到生活的乐趣①。不论是适度的压力还是过度的压力，社会压力往往通过个体表现出来。

有些人面对社会压力，生活的艰辛，将压力合理地化为动力，调试自己的情绪，积极向上、乐观生活，如"汶川地震"中失去双腿的舞蹈老师廖智，将自己的爱无私地奉献给需要照顾的残障儿童。"感动中国人物"丛飞即使在睡桥洞、捡剩饭的窘境甚至身患癌症时，也坚持长达 11 年的慈善资助，共资助 183 名贫困儿童，累计捐款捐物 300 多万元。然而，有些人在面对社会压力时，由于没有找到发泄消极情绪的合理渠道而走上了违背道德甚至违法犯罪的道路，马加爵在面对生活的窘迫、同学的误解时选择以残忍地结束他人生命的方式来宣泄自己的情绪和压力，最终也断送了自己的前途和生命②；杀害幼儿园儿童的福建南平市市民郑民生，其生活压力和性格缺陷让他产生了畸形的疯狂心理，最终将积蓄已久的负面情绪发泄到手无寸铁的儿童身上③；互联网上频频爆出的"虐猫事件"在一定程度上也表达了有些人通过较为极端的方式释放社会压力。

（二）"伤害行为"的含义

一般而言，凡是造成人际关系紧张，引发一方或多方身体的或精神的不适

---

① 参见王天夫：《社会发展带来社会压力》，《人民日报》2013 年 2 月 24 日。
② 该事件发生在 2003 年。
③ 该事件发生在 2010 年。

与痛苦的行为，均可称为"伤害行为"。例如，在电影《秋菊打官司》中，村长王善堂踢伤秋菊的丈夫万庆来，是身体上的伤害，而村长踢人的原因是万庆来辱骂他"断子绝孙"（村长生了四个姑娘，没有儿子），对村长来说，这是一种精神上的伤害。伤害行为最直接的体现是身体暴力，但不止于此，还包括语言暴力甚至"冷暴力"。在实际的生活中，伤害行为往往同时带来身体的和精神上的痛苦。

身体或精神上的伤害，往往是司空见惯的现象，它们构成了日常生活的一个侧面。由于有些伤害比较轻微，能够在短时间内化解和消失，或者其表现比较温和，因此不会引起太多注意和反响。不过，有的伤害行为会打破惯例化的日常生活，引发人们生活世界的急剧变迁。例如，2010 年的"药家鑫事件"，在一夜之间改变了两个家庭的生活状态和人生轨迹。进一步说，如果类似的恶性伤害行为不断出现，它便超出了日常的伤害行为，而成为严重的社会问题。

这里所言的"伤害行为"是指一种社会现象或社会问题。实际上，有些伤害行为往往与社会结构和社会变迁密切相关，比如，近些年多次发生的城管与流动商贩互相伤害的事件，在改革以前的计划经济时期是不存在的，而在传统社会中，尚不存在今天意义上的城管制度，更不用说城管与小贩之间的伤害行为了。伤害行为的社会性还体现在，伤害源于社会不平等，伤害的原因、过程和结果被不平等的力量形塑。这种不平等体现在经济（财富）、政治（权力）、文化（教育）等各个方面。严重的社会不平等会使矛盾双方的博弈能力悬殊，矛盾的激化导致伤害行为的发生，而弱势者更容易在不平等的环境中受到身体或精神上的伤害。

（三）对弱者的伤害

在一定程度上，社会结构失调，社会体制不健全，社会压力难以释放，致使个体以杀人的方式来宣泄自己对社会的不满，以毫无反抗能力的弱势群体的生命为代价来报复社会。道理很简单，弱势者在面临危险或遭遇伤害时的抵御能力相对较弱，伤害者通过对他们的伤害寻找一种虚无的"强大感"。如果政府与相关社会管理部门不能及时采取有效措施进行干预，这种对非利益相关者的伤害行为可能会再次发生。

例如，2010 年 3 月 23 日，制造福建南平"3·23"恶性校园杀人惨案的凶手郑民生，砍杀 13 名待入校的小学生，致使 8 名学生死亡，5 名学生重伤。郑民生被控故意杀人罪，于 2010 年 4 月 28 日上午 9 时被执行死刑。就在郑民生死后不到 6 小时——2010 年 4 月 28 日 15 时左右，广东省湛江市下辖雷州市雷城第一小学发生凶杀案。病休男教师陈康炳冲进校园，持刀砍伤 18 名学生和 1 名教师。不足 20 小时后，江苏泰兴，29 日上午 9 时，江苏的徐玉元为发泄个人生活、工作中的不满情绪，持刀冲入泰兴镇中心幼儿园，砍伤 31 人，其中 5 人伤势较重，有生命危险。

与杀害儿童的罪行相比，另一种虽然没有伤害弱势群体但同样残忍和血腥的行为，是通过虐待小动物获得"快感"。例如，2006 年 2 月 26 日，"高跟鞋女子踩踏幼猫"的图片开始在猫扑网上流传。从图片上看，虐猫者是一名年轻女郎，并在镜头面前坦然自若，残忍地用华丽的高跟鞋踩进猫眼、嘴巴甚至踩碎猫头。该帖引起强烈反响，网民们迅速人肉搜索，最后发现虐猫者是黑龙江萝北县的王某。残忍的虐猫行为引起民众的强烈谴责。虐猫事件的主角王某对着摄像镜头说出了她的心里话：如果不这样发泄，巨大的压力让她无法继续活下去①。由于社会压力越来越大，常人不可理解的极端事件在增加；如果心理压力没有合适的宣泄渠道，我们的社会可能要遭受巨大的伤痛。

（四）伤害行为的类型学

如果说社会不平等是伤害行为的重要根源，那强势者对弱势者的伤害便不难理解。不过，处在弱势地位的一方，难以通过常规方式来表达利益诉求，更容易采取极端的伤害行为，因此强势者也可能受到弱势者的伤害，尽管前者伤害后者的可能性更大。同时，弱势者也可能对其他弱势者造成伤害，即受伤害的弱势者没有能力和机会在强势者面前捍卫内心的正义感，而将不满和愤恨指向其他弱势者，造成"弱者对弱者的欺凌"。此外，如果化解利益冲突的机制缺失，强势者之间也会以伤害对方或互相伤害的方式处理矛盾。

因此，我们可以初步得出伤害行为的四种类型：

1. 强－弱型伤害行为。这是在社会不平等的条件下，占有社会资源多者对

---

① 参见《虐猫事件：心理压力如何宣泄》，见 http：//news.sina.com.cn/o/2006－05－15/09178927849s.shtml，2006－05－15.

占有社会资源少者的伤害行为。在社会公正缺失的制度环境下，这种类型最容易发生。这种类型的一个例子是"孙中界事件"。2009年，在上海打工的河南小伙孙中界被当地交警"钓鱼执法"，扣车罚款。孙中界情急之下，断小指以示清白。他的"身体维权"行为被媒体报道之后，引起广泛的社会关注，最后，经过多次调查，事情真相大白，孙中界也得以洗清冤屈。

2. 弱－强型伤害行为。如果弱势一方在已有制度环境下对强势一方的压制（压迫）无计可施，便可能通过暴力行为释放不满。

3. 弱－弱型伤害行为。这种类型的伤害往往表现为，弱势者利益受损又难以表达利益诉求，内心的愤怒和怨恨不断积累，但将伤害的矛头指向其他弱者①，以报复社会的方式泄愤。"伤害弱者"成了"弱者的武器"（weapons of the weak）！

4. 强－强型伤害行为。即便矛盾的双方都是强势者，但由于一方或双方突破自身的权力边界，或未能采取制度化方式解决问题，所以可能诉诸暴力或非法手段。

一般而言，"强－弱型伤害行为"最容易发生，道理很简单，强势者占有更多资源，有更多机会在矛盾冲突中占据上风。尤其是，如果伤害行为借助公共权力发出，那被伤害一方往往难以反抗，因为被伤害者表面上是在和个人对抗，其实所面对的是一个强有力的制度或机构。与此相关，"弱－强型伤害行为"往往是因为受害一方难以通过正式的制度化渠道表达利益或释放不满，才采取以肉相搏甚至以命相搏的行为。"弱－弱型伤害行为"意味着，弱势者将现实中遭遇的不公和苦痛指向非利益相关者，以发泄仇恨或希望由此引发有关部门的注意。而"强－强型伤害行为"表明，操持公共权力的一方或双方，无视公共权力的边界，把公共权力当成了满足个人欲望的工具。

这四种伤害行为类型或多或少都与利益表达渠道缺失等有关。机会不公等最容易导致"强－弱型伤害行为"，其次导致"强－强型伤害行为"；利益表达渠道缺失容易导致"弱－强型伤害行为"和"弱－弱型伤害行为"。

上述四种类型的划分，并没有一个严格的标准，我们意在通过这四种类型

---

① 在这个意义上，"虐猫事件"中的"猫"也是典型的"弱者"。

指出，如果社会生活中无论强势者对弱势者，还是弱势者对强势者，抑或强势者之间与弱势者之间，都以"伤害的方式"解决问题，也意味着公共权力的威信和社会基础秩序都亟待加强。

（五）"伤害行为"的治理

我们之所以说伤害行为是一种社会现象或社会问题，在于它不是简单的个人恩怨，近些年经常发生的伤害行为，反映了社会高速发展带来的一些负面效应，为不满、愤怒、甚至仇视的社会心态，这种心态越来越以"怨恨式批评"或"暴力式伤害"的方式表现出来。

个人的伤害行为，不仅使被伤害者遭受身体或精神上的苦痛，甚至失去生命，往往也给伤人者自己和双方家庭制造了很多悲剧。表面上看，伤害行为以犯法者受到惩罚而告终，但这未必消除了伤害行为发生的社会根源，如果根源未除，伤害行为可能一再发生，而伤人者与受伤害者都成了牺牲品。例如，2009年的"夏俊峰案"，2010年的"马判松案"，都是小贩在和城管的冲突中刺死所谓的"执法人员"。此类事件频发，不得不引起我们的反思。

在一个法治社会中，无论是哪种伤害行为，只要触犯了法律，就必须受到制裁，只要违背了道德，就必须受到谴责。而在"社会"的层面，防治"伤害行为"的根本在于社会建设，尤其是建立利益均衡机制，至少包括信息获得的机制、要求表达的机制、利益协商的机制、矛盾调解和仲裁的机制等。可以预期，当民众尤其是弱势群体的利益得到更多表达和伸张，极端的伤害行为会逐渐减少。

五、营造可持续的社会共识

"保钓事件"给我们留下的思考是，对于快速转型期的中国社会而言，营造社会团结、凝聚社会共识，仅仅通过几次集体行动是远远不够的，还必须从根本上建立社会共识形成的条件。

（一）社会共识的必要性

社会共识是社会成员（包括社会群体）在生活实践中，经过日常交往、心理沟通、舆论传播、理论教育等途径，在情感体验、道德规范、价值评价、理想信念、理论观点等方面达成的共同意识①。社会共识是社会成员对社会事物及其相互关系的大体一致的看法，是促进社会成员团结协作、维持社会实践协调有序、保证社会向前发展的必要条件。社会作为一个统一的整体，要保持稳定有序，需要社会成员对是非、善恶、美丑等事物具有基本共识，在这个基础上，社会生活才能协调有序地发展。

在改革开放之前我国高度政治化的体制下，社会共识往往是通过自上而下的政治宣传或政治运动来实现的，呈现出的是一种机械的刚性共识，个人相对很难表达自己的不同想法与意见。在改革以来的几十年中，社会空间与言路空间相对自由和开放，个人有更多机会表达自己的观点，尤其是互联网的逐渐普及，为这种表达提供了便利渠道。但同时，利益分化、价值观念的多元化也给社会共识的形成增加了难度，互联网也是一个"众声喧哗"的空间，往往是表达意见者多，凝聚共识者少。在这种背景下，建构社会共识性纽带显得非常重要。

在2012年的"保钓"事件中，民众通过网络互动和社会参与，在一定范围内形成了以爱国主义为核心的社会共识。然而，这种共识只是一种短暂的情绪化的社会共识，甚至可以说，由于这种短暂的共识并没有真正基于个体之间的理性讨论，它只是一种受群体情绪感染和驱动的带有破坏性的"虚假共识"。那么，如何才能营造可持续的社会共识呢？

（二）营造社会共识的三个维度

在我们看来，在营造可持续的社会共识上，传统、利益与制度是需要重视的三个维度。

首先，营造可持续的社会共识依赖于传统。中国自古以来就有重视"和谐"的传统：人与人的和谐、人与社会的和谐、人与自然的和谐。我们强调传统对营造社会共识的意义，不仅在于中国传统文化中包含丰富的注重和谐的思想，这些思想在今天仍有价值，也在于，在中国现代化的过程中，唯有尊重传统、

---

① 参见刘少杰：《发展的社会意识前提——社会共识初探》，《天津社会科学》1991年第6期。

珍视传统，才能使整个社会有基本的价值依循，使人们能够在语言和思想交流上有"共同话语"，不至于众说纷纭、莫衷一是。

在这里，我们有必要提及美国社会学家丹尼尔·贝尔的观点。贝尔在《资本主义文化矛盾》中提出了"经济领域的社会主义、政治领域的自由主义、文化领域的保守主义"三位一体的主张。贝尔说："我所坚持的三位一体立场既连贯又统一。首先，它通过最低经济收入原则使人人获得自尊和公民身份。其次，它基于任人唯贤原则承认个人成就带来的社会地位。最后，它强调历史与现实的连续性，并以此作为维护文明秩序的必要条件，去创建未来。"① 其中，文化领域的保守主义观点对我们思考中国社会的思想状况具有重要意义。这一观点意在指出，人们需要有共同的价值观念，使彼此可以相互倾听、理解、达成共识；反之，如果人言人殊，厚己薄彼，势必造成个体的"无告"困境以及内心的焦虑和孤独。

其次，社会共识的达成依赖于利益格局的调整。要使整个社会呈现可持续的社会共识，仅仅依靠传统文化的力量是不够的，由于社会各阶层、各个团体甚至每个人对于自身的利益都有一定的诉求，只有维持相对的利益均衡才能够真正达成可持续的社会共识。但是，由于社会资源和财富是有限的，要保证各个阶层、各个团体甚至每个人所占有的社会资源和财富都是绝对平均是不可能的，这是可持续的社会共识难以达成的重要原因。然而，为了能达成全体社会成员基本的社会共识，需要使社会成员的利益结构达到相对均衡的状态。如果利益群体间能"互利共赢"地开展彼此之间的经济、政治、文化等活动，那么就比较容易达成社会共识。

当前，中国社会的重要问题就是利益格局的失衡，表现为社会资源的占有和分配不均衡，贫富分化严重，调整利益格局的制度安排相对滞后，由此导致不同群体、阶层之间出现各种各样的分歧和矛盾。要调整社会利益结构，需要建立若干机制：第一，信息获取机制。要求各方面对相关信息主动发布或经申请发布，保证公众的知情权，只有信息公开、透明、充分、真实，公众才能及

---

① ［美］丹尼尔·贝尔：《资本主义文化矛盾》，赵一凡等译，生活·读书·新知三联书店1989年版，第24页。

时了解事关自身利益的公共事务，才能在第一时间保护自身的权益。第二，利益凝聚机制。由于分散的、散射的要求很难在决策层面上处理，不同群体掌握的资源和表达能力差异很大，集体表达、沟通与协商对于弱势群体来说就尤为必要。第三，诉求表达机制。在涉及公众利益的问题上，以听证、表意、监督、举报等方式向公众提供表达的渠道。第四，施加压力机制。强势群体拥有的资源多，争取利益的手段也多；弱势群体要有为自己争取利益的能力，必须得有特殊的施加压力机制。当然，施加压力的机制需要法治规范。第五，利益协商机制。当社会群体在一定规则下，通过协商谈判公平有效地自行解决利益纠纷时，社会就初步实现了自我管理。第六，调解与仲裁机制。如果矛盾双方无法达成妥协，第三方的调解或仲裁就是一个不可缺少的程序①。

最后，社会共识需要用制度来保障。一般而言，制度是要求大家共同遵守的办事规程或行动准则，也包括风俗、礼俗等具有集体约束力的非正式规范。对社会行动者而言，制度具有约束性和激励作用。制度的约束性，使制度规定下的行动者遵守制度的要求，违反规定者要受到制度的惩罚；制度的激励性是指，在制度框架内行动者被鼓励和推动去开拓进取、积极创新。因此，制度在带来约束性的同时，也能够激发社会活力。近年来，在一些社会领域，制度的约束性被打破，公共权力滥用、官商勾结等现象常常践踏公共规则，甚至不断触及道德和法律底线，进而，制度的激励性也受到影响，出现了"按规定办事吃亏，违反规定反而受益"的怪现象。制度与规则的破坏，往往导致是非善恶的标准发生混乱，导致社会共识难以达成。因此，在社会的各个领域，建立并完善切实可行、公正合理的制度，是营造可持续的社会共识的必要条件。

六、结语

中国现阶段正处于社会转型期，无论在经济制度、政治生活或是社会结构、

---

① 清华大学社会学系社会发展研究课题组：《"维稳"新思路：利益表达制度化，实现长治久安》，《南方周末》2010 年 4 月 15 日。

思想文化等方面都有其"过渡"的特性，在这种特殊的转型社会中，面对结构性压力人们往往会产生"不适"的心理与行为。对于这种极端的非理性行为，一方面社会成员本身应该加强自我反思、约束自我行为，以符合法律和道德标准并为社会大众所接受的方式行事；另一方面，政府及社会管理部门应该合理合法地引导和规范民众的社会情绪，积极为民众的社会情绪提供合理的疏泄渠道，以防止更加严重的冲突事件的发生。

在这次保钓事件中，由于集体情绪的感染，以"爱国保钓"为核心的社会共识得以达成，但不可否认，此种共识并没有以较为充分的社会互动为根基，其背后实际上存在着个体动机和目的的巨大差异，这也就使得"保钓"中的共识只能是短暂的缺少社会根基社会，甚至是"虚假的"社会共识。保钓事件给我们留下的思考是，营造社会共识仅仅通过几次集体行动是远远不够的，还必须从根本上建立共识形成的社会条件。社会共识的达成，依赖于共有的传统（习惯、习俗、价值观念等）、相对均衡的社会利益格局和公正合理的制度安排。在制度安排上，建立信息获取机制、利益凝聚机制、诉求表达机制、施加压力机制、利益协商机制、调解与仲裁机制等，尤为必要。

总而言之，随着互联网的逐渐普及，网络平台为公众发表个性言论提供了相对自由的空间，在一定程度上也为公众发泄情绪的提供了渠道，但是在网络空间中，多元驳杂的言论和信息也可能带来社会认同难度的增加。因此，在利益与价值观念双重分化的互联网时代，如何营造可持续的社会团结，仍是值得我们深思的问题。

附：乡土权威的衰落与"邻里伤害"①

2013年10月18日上午，广西桂平市中沙镇新安村农民李某与同村村民李某某为一棵野生橄榄果树的归属问题发生争吵，李某用随身携带的砍柴刀将李

---

① 本附文作于2013年11月25日，未公开发表，因所讨论的问题与第七章的"伤害行为"直接相关，故收录于此。

某某砍伤，导致后者重伤，抢救无效死亡。李某在村后的深山躲藏两天，因饥饿难耐回村寻找食物，被警方抓获。这不是一起蓄意伤害或谋杀事件，因为李某见李某某倒地流血后亲自拨打了110报警，其逃跑也毫无准备。两个村民因一件小事竟然如此大打出手，着实让人费解。是二人积怨已深，橄榄果树利益攸关，还是一方或双方患有精神疾病？根据媒体报道和警方调查，都不是。

我们当然不能从这个事件中得出某种普遍性结论，因为这只是个个案，但是，我们似乎又不能仅仅将其看作一个绝对偶然的事件。事实上，近年来一些农村地区已多次出现类似的邻里伤害或凶杀事件，如果只看到某个事件的偶然性，那它就不具有充分的反思性意义。因此，我们需要思考农村"邻里伤害"这类事件背后更深层的社会根源。

在这里，我们将上述案例看作农村"邻里伤害"事件的典型。在理想类型的意义上，这类事件有两个让人困惑的特点，一是小矛盾引发激烈冲突；二是相互熟悉的村民不能有效化解矛盾，而是刀枪相向。我们需要思考的问题是：村民之间的矛盾为什么没有比较弹性的缓冲区或过渡带，而直接导致比较严重的后果？

在回答这个问题之前，我们可以先做一个假定，即上述两个村民生活在一个中国传统的乡土社会中。这个社会有三个核心特点：首先，它是一个"熟人社会"。人们在其中安土重迁，交往频繁，低头不见抬头见，因此产生熟悉感和共通性；村里的人谁有怎样的脾气秉性，谁家发生了什么大事小情，人们往往一清二楚。其次，这个社会有比较传统的村规民约，也有大家一致认同的伦理习俗或共享意义，这些村规民约、伦理习俗和共享意义既是村民共同生活的精神基础，也在不断制造个体村民的"社会性"或"集体意识"。最后，当发生家庭矛盾或邻里纠纷时，往往有精英人物出面调解，这个人或者是族长，或者是有特殊才能的人（如能言善辩），或者曾在过去的事件中发挥重要作用，总之，他是一个权威人物。这个权威人物的意见，哪怕无法做到绝对公允，也会获得矛盾双方的认可。这三个方面，正是费孝通笔下的乡土中国的重要特征。

一般而言，乡土中国是带有"无讼""长老统治"和"礼治秩序"色彩的生活共同体，其中的人们长期浸淫于村规民约、伦理习俗和共享意义中，形成对"地方性知识"的无意识遵从。如果上述事件中的两个人生活在这样的共同体里，他们会深刻地服膺地方伦理规范的约束，当发生矛盾时，往往会以共识性规范化解之；如果矛盾难以自行调解，也会请来双方共同认可的权威人物进行调解。因此，在乡土伦理和权威人物的作用下，极端的"邻里伤害"事件往往可以避免。

不过，从1947年费孝通先生出版《乡土中国》至今，已有70个年头，费老笔下带有"乡土本色""无讼""长老统治"和"礼治秩序"等特点的乡土中国也已发生深刻变化。

在人际关系上，乡土中国的变化至少体现在三个方面：首先，邻里间的熟悉程度减弱。其重要原因是，农村人口社会流动的增加，使得原来朝夕相处的村民难以"低头不见抬头见"，彼此经历的不同使双方怀有不同的故事和秘密，甚至带来情感上的疏远与隔阂。同时，流动性的生活也导致第二个方面的变化，即传统的伦理习俗在外来观念的影响下式微。农民长期在外或往返于城乡之间的生活经历弱化了个体村民对本地习俗的内化和遵从，这在年青一代的身上体现得尤为明显。流动性的生活也使一些重要的仪式性活动难以为继，使得通过"集体欢腾"（涂尔干语）制造集体意识的过程难以实现，由此带来个体对他人和整个社区的疏离感。再次，伦理习俗的衰落，也导致以往处理村庄大事小情、调解人际纠纷的精英人物失去了存在的土壤。这样，村民的共识和共享意义在减少，而人言人殊的情况却在增加。这三个方面变化的重要后果是，村民对村规民约、伦理习俗与共享意义的内心服膺趋向弱化，更谈不上无意识遵从了。

结合这三个方面的变化来讨论"邻里伤害"事件，我们或许可以得出这样的观点：如果村民彼此之间难以深入了解甚至变得陌生和隔膜，缺少共同的仪式性活动，又没有权威人物调节社区内部的关系，那么，当人际矛盾发生时，哪怕是鸡毛蒜皮的琐事，也可能导致严重的后果。也可以说，在日常小矛盾演化成严重后果之前，个体内心缺乏足够的包容分歧的集体意识，容易使小矛盾加深、积聚，在极端的情况下造成邻里伤害甚至仇杀。

因此，在一定程度上，因小问题而引发大冲突的事件，其背后往往有着结构性根源：乡土权威的衰落，包括地方礼俗的式微和权威人物的缺失。无论是根据个人经历，还是通过媒体的报道，我们都会发现很多农村地区正在面临某些方面或全面的危机。例如，有的村庄被流氓混混控制，有的地方小学已经消失，有的地方成了只有老人和儿童留守的孤村，还有的地方面临强制性征地拆迁的巨大压力。

就村民的"邻里伤害"而言，一个家庭会因为凶杀事件而受到巨大的冲击。这是因为，很多农民往往都是原子化的个体，他们的抗风险能力通常只能来自于家庭，而当家庭也出了问题，家庭的危机或厄运也就不远了。如果一个家庭的顶梁柱坍塌了，家庭经济收入的获得，孩子的上学、结婚，老人的养老送终，邻里关系的维持等，都会遭遇巨大挫折。因此，"邻里伤害"既凸显了人际联结纽带的脆弱性，又加剧了这种脆弱性。

此外，就农民与村外力量的关系而言，在伦理与组织双重缺失的情况下，农民在与政府和市场的博弈中必然处于下风。近年来，在土地财政的驱动下，农民因征地拆迁而致伤致死的事件屡见报端。例如，2013 年 3 月 27 日，河南省中牟县村民宋合义在自己的承包田里被施工企业的铲车轧死。事件的起因是，宋合义等三人承包了十亩用来种植林木的土地，与试图占用这块地的某公司因为补偿款问题一直没谈拢。3 月 27 日下午，这家公司将铲车直接开到了地里，遇到宋合义的阻拦，于是悲剧发生了。

对于此类事件，暂且不论始末细节、孰是孰非，单就农民与政府和市场的关系而言，三者沟通渠道的缺失和农民在博弈中的弱势地位，是目前很多农村和农民面临的重要问题。在农民合作尚不成熟，农民自己的组织尚付阙如的情况下，也许这样的问题会长期存在。如果仅仅将此类问题看作"转型阵痛"，就可能对个体农民及其家庭所遭受的身体与精神的苦痛熟视无睹甚至视若当然。在新时期"城镇化"战略大力推进的背景下，如何在加速城市化进程的同时保护和重建农村的伦理规范与社会秩序、提升城市化的质量，是我们需要特别关注和深入思考的问题。

第八章

网络"发声"：渴望真相与寻求对话

一、引言

在网络化条件下，时常会出现这种现象：有些"线下"长期存在的行为一旦在互联网上"曝光"，便可能引起轩然大波，吸引无数网友参与其中——纷纷"喊话"表达自己的观点，尽管实际上难有共识性结论。对于这类现象，本章主要围绕曾在互联网上名噪一时的"归真堂事件"进行分析。虽然这个事件主要是个个案，但我们试图解读其中所隐含的具有一般性的社会内涵。

福建归真堂药业股份有限公司成立于 2000 年，注册资本为人民币 6000 万元，是一家以稀有名贵中药研发、生产、销售为一体的综合性高科技中药制药企业。公司形成了黑熊养殖、熊胆系列产品的研发、生产和销售业务体系，拥有独立的品牌、技术和销售网络，目前已成为国内规模最大的熊胆系列产品研发生产企业之一①。

2012 年 2 月，归真堂的上市资格及其"活熊取胆"活动，引发全社会的广泛关注和争论，被称为"归真堂事件"。归真堂事件之所以引起轩然大波，除了"活熊取胆"本身引发的道义与利益之争外，网络媒介的作用不可忽视，正是因为互联网尤其是微博这一媒介，使社会舆论对"活熊取胆"之是非利弊的关注迅速发酵，进而演变成一起网络事件。

---

① 数据来自归真堂药业股份有限公司网站 http：//www. gztxd. com/Enterprise. aspx.

　　该事件的起因是，2012年2月1日，中国证监会公布了一批企业排队上市名单，从事黑熊养殖、熊胆系列产品的研发、生产、销售等经营活动的归真堂也位居其中，于是引发众多网友以及亚洲动物基金的声讨，声讨者主要围绕"活熊取胆"野蛮残忍、有违动物保护精神进行。同年2月14日，北京爱它动物保护公益基金会（以下简称"它基金"）联名冯骥才、韩红、毕淑敏、崔永元、陈丹青、周国平等72位知名人士向中国证监会信访办递交吁请函，反对归真堂上市。

　　2月16日，中国中药协会出面为归真堂说情，该会之长房书亭语出"活熊取胆，非但不难受，还很舒服"之言，此言一出，便引起舆论哗然。公众在争论"养熊取胆"是否合乎道德伦理；医学界在争论"熊去氧胆酸能不能完全代替熊胆"；商界在观察归真堂是不是在利用媒体进行炒作；养熊业企业和动物保护组织之间也争论不休。2月20日，随着公众对"活熊取胆"的争议愈演愈烈，归真堂在其官方网站发出"归真堂养熊基地开放日"邀请函，决定将2月22日和24日两天定为开放日，邀请社会人士参观养熊基地，马云、莫文蔚、李东生等人位列邀请名单中。

　　2012年2月22日，归真堂的开放日，来自全国100多家媒体的记者，在福建归真堂黑熊养殖园参观，并进入熊胆汁引流室拍摄。然而，开放日并没有迎来平静，而是进一步的质疑，因为有些反对者并未被允许进入养殖园，而且归真堂在记者入园之前进行了哪些"准备活动"也不得而知。同时，甚至有动物保护主义者以向黑熊磕头谢罪的方式表达对活熊取胆的不满，相关文字和图片迅速被各大网站转载，带来更大的舆论效应。

　　从社会学的角度看，归真堂事件的意义已经远远超出了该事件本身，其更重要的意义在于，它在一定程度上反映了互联网时代的"真相情结"。也就是说，网络围观本身不是目的，目的是通过围观引发相关部门之间的对话和信息公开，进而获得一个大致清晰的"真相"。但是，如果企业和社会之间在信息的占有和发布方面是不平衡的，那所谓的"真相"也只是"被建构的真相"。这便引出一个问题：在信息驳杂的环境中，面对舆论的分歧，我们如何通过制度化的方式增进社会各界的对话，以达成较为理性的共识。这样一来，社会舆论对归真堂事件的关注，其实也反映了"社会共识何以可能"这一重要问题。

二、网络化时代的"真相情结"

归真堂的"活熊取胆"之所以成为一起网络事件，不仅因为"活熊取胆"本身、熊胆产品的使用等方面存在争议，导致归真堂的上市资格受到质疑，也不仅因为互联网的信息传播作用，而且还有其产生的社会背景和心理因素。在这个意义上，看似偶然的网络事件，往往有其产生的必然性。

（一）"众声"何以"喧哗"

我们可以通过一个类比，分析"活熊取胆"之所以引发激烈讨论的一些原因，这一类比就是"活熊取胆"和"杀猪吃肉"的区别。二者的区别主要表现为：其一，猪是家畜，"杀猪吃肉"是约定俗成之事（有宗教禁忌的族群除外），而黑熊是国家二级保护动物，更显"金贵"；其二，猪很常见，熊则比较稀少，养猪者众多，养熊者量小，相比之下，少数人经营的"金贵"事业，自然更容易吸引人的眼球；其三，杀猪几乎没什么技术含量，也不需要特殊的复杂技术，而养熊取胆则需要相对专业的技术程序，不是人人可以养之、取之，相比之下，养熊取胆更带有技术上的神秘性，也更容易勾起人们的好奇心；其四，对于猪，无论散养还是圈养，无论繁殖幼崽还是杀之吃肉，人们几乎没什么异议，而把黑熊圈养、重复地取胆，则带有非人道的意味，因而容易遭到动物保护主义者的谴责。

基于上述原因（但不止于此），活熊取胆显示出其容易引起广泛关注的特殊性。但问题是，活熊取胆并非今日才有，归真堂的熊胆产品经营活动也已持续多年，那为什么唯独在 2012 年 2 月，归真堂的活熊取胆才成为一个炙手可热的网络事件？如果说反对活熊取胆的机构或人群是秉持保护动物的道义，那这种道义是否有些姗姗来迟呢？

其实，我国的生态保护和动物保护组织及其活动已有多年历史，如著名的NGO 组织绿色江河、自然之友、北京地球村、中国小动物保护协会等。只是在互联网大规模兴起以前，动物保护主义者的活动引起的关注和反响相对有限，因为这种活动受制于具体时间和地点的限制，其影响最多只能借助平面媒体进行宣传，而平面媒体的信息传播主要是单向的，难以快速地引起信息源与受众之间的广泛对话和讨论。

而互联网时代则不同，随着网络社会的兴起，"点击网页""转载搜索"成为获得信息、了解社会的重要方式，它极大地提高了信息传播速度、扩展了信息传播范围，也引起大量民众参与其中。网民可能素未谋面，却可以互通有无；即便相隔万里，也能在瞬间穿越大洋彼岸。在网络世界中，信息传播已经超出了具体时空条件的限制，因此，一个有争议的社会事件，一经大量网民参与其中，就可能成为一起全国性的网络事件，"归真堂事件"就是如此。

（二）微博的力量

回到"归真堂事件"上，该事件发生之初便体现出微博的巨大作用。就是这个人们并不太了解的企业，因为一条微博而迅速为人所知。归真堂"成名"的起因是云南卫视《自然密码》制片人余继春的一条微博。他写道："福建的归真堂上市募资将用于年产4000公斤熊胆粉、年存栏黑熊1200头等两项目。已经省厅初查并且通过了！如果真上市，那今年就是月熊的末日。"文字后面附有一段视频，血淋淋的"活熊插管采胆汁"的画面，引来了上万次的转发。因此，说"一条微博引爆归真堂事件"似乎并不过分。

正是无数网友的点击、转载、评论、搜索，使归真堂事件迅速传播开来，进而成为一起全国性的网络事件。与传统的读书看报相比，"转载搜索"不必发出声音，也不必直接与人对话，它只需一台接入互联网的电脑（或其他上网设备），轻轻地敲击键盘、移动鼠标或触摸屏幕，便可以在瞬间获得不计其数的信息。更重要的是，"转载搜索"实现了"双向选择"：一方面是信息"选择"受众，人接受外部信息的影响；另一方面，受众在接收信息的同时，也可以进行信息反馈，主动发布、修改、删除信息或对来自他人的信息做出评价。而且，"转载搜索"的内容已经不限于文字，还包括图片、声音、视频和各种符号，其内容和形式的丰富性是言传口述和平面媒体的信息传播方式所无法比拟的。

微博提高了信息的传播速度，但问题是，为什么归真堂事件会引起如此广泛的关注，或者说，众多网友为什么对该事件这样感兴趣？在我看来，除了前文所言"活熊取胆"的特殊性外，还有一个信息识别问题：一方面，网友对归真堂的自我解释和有关专家的解释表示怀疑，例如，归真堂声称活熊专业化养殖和技术化取胆如何合理并未消除网友的质疑，而中药协会长房书亭的一句"活熊取胆，非但不难受，还很舒服"，更招来无数网友的谩骂；另一方面，互联网上的信息多元驳杂，网友难以鉴别其真伪，这样一来，信息传播没有带来答案和共识，反而需要用更多信息来解释一种信息，以信息澄清信息，信息量几乎成倍增加，反而可能分散了受众的注意力，甚至湮没了事件的真相。

（三）网络社会中的"真相情结"

在一定程度上，"真相情结"推动着越来越多的网民关注归真堂事件。所谓"真相情结"，就是民众在众多信息中难以识别有效信息，或对发布信息的人士或机构存有疑问，而质疑与被质疑的双方或多方又缺少及时有效的对话机制，进而导致信息越多，民众越难以辨识有效信息，也就越渴望寻求事件的真相。

就归真堂事件而言，关于该事件的言论多元驳杂，而在众多信息中，权威的信息源是缺失的，即便归真堂对活熊取胆有诸多自称合理的解释，但却有自说自话之嫌，而中药协也被指偏向归真堂说话。与此同时，归真堂、中药协与其他质疑声音之间的对话和沟通却并不充分，加上网络论坛、博客、微博等媒介快捷的信息传播力量，推动了归真堂事件演变成了全国性的网络事件，争论之声"后浪推前浪"，共识却"千呼万唤难出来"。

问题是，"真相情结"一定与网络社会相伴而生的吗？在我看来，网络媒介固然重要，但只是"真相情结"得以产生的技术环境，而转型时期的制度环境是"真相情结"得以产生的更深层根源。或者说，在现有的制度环境中，"真相情结"之所以产生，恰恰在于"真相"难求，"求之不得"才"辗转反侧"。

具体来说，这样的制度环境主要体现在如下几个方面：其一，公共权力部门滥用权力、执法不严不公的现象屡有发生，造成政府的公信力不足。其二，信息获得机制不健全。政府的政务信息透明度不够，虽有所公开，但往往含糊其辞、不够精细，民众的质疑难以得到及时而有效的答复。其三，利益协商和矛盾调解机制有待完善。近几年的征地、拆迁所引发的人身伤亡事件屡见报端，虽然存在暴力拆迁和暴力抗法的情况，但有时冲突之所以产生，并非因为拆迁无法律依据，也不是民众刁钻蛮横，而是双方缺少畅通的利益协商机制，以至于往往只能通过对抗解决问题。其四，要求表达的机制急需建设。在"稳定思维"下，有些正当的利益表达可能被当作"不稳定因素"而被堵塞，甚至有的地方政府在医疗鉴定手续不全的情况下将上访者关进精神病院，不仅扼杀了其利益表达的权利，还侵犯了其人身自由。

在这种制度环境下，当发生重要的社会事件时，普通民众往往难以通过正式的、权威的渠道获取和了解信息，或者说，在获取和了解信息上，普通民众处于弱势地位，由此，民众对事件的真相和真伪便常常存有疑问。更重要的是，在这种制度环境中，社会公信力不足，公共权力部门所发布的信息难以获得民众的充分认可，甚至有时正确的信息也可能被质疑或误读。在这种情况下，"渴望真相""寻找真相"便成为一种较为普遍的社会心态。概言之，因为"缺少真相""怀疑事实"，才更"渴望真相"。

在归真堂事件中，社会舆论的焦点不仅仅在于道义与利益之争，而且在于对"真相"的追问：熊胆是否可以人工替代？活熊取胆究竟对活熊带来什么样的影响？归真堂所发布的信息究竟是事实还是自导自演的骗人把戏？除了"渴望真相"的心理之外，事件的性质不同，也会引发不同程度的参与。如果不考虑其他因素，关注事件所带来的风险越低，关注的程度就越高；反之，关注事件所带来的风险越高，关注的程度就越低。

三、"低风险关注"与"高风险关注"

不同的事件往往引发不同的关注，就好比看热闹，如果是两个人赤手打骂，围观的人会较多；但如果打架的两个人手持凶器，暴力互殴，围观者因为害怕被误伤，人数定会减少，起码会有意识保持距离。进一步说，如果产生冲突的是荷枪实弹的敌对双方，那现场恐怕要观众全无了。这个比方说明，事件的性质以及事件可能给观众带来的危险或风险，会影响观众的多寡和事件被关注的程度。

（一）关注因风险而不同

广大民众之所以对归真堂事件如此关注，有一个重要原因，即关注该事件属于"低风险关注"。所谓"低风险关注"，是关注者对事件的关注、评价和参与，不会给他的健康、财产和人身安全带来风险。反过来说，如果关注归真堂事件意味着人身伤害或财产损失，那么关注者的数量恐怕要骤减。也可以说，关注活熊取胆与社会矛盾并不直接相关，因此可能不会被理解为"不稳定因素"。相比之下，在地方干部比较注重"维稳"的制度环境下，表达和伸张某种权利，则可能属于"高风险关注"，因此会受到更多管制。所以，相比之下，"关心熊"比"关爱人"更安全。

在归真堂的媒体开放日，有的动物保护主义者以下跪向黑熊谢罪的方式，表达对归真堂活熊取胆的不满。据《新京报》报道，2012年2月24日上午，归真堂黑熊养殖基地在22日的开放日之后，再次向媒体记者和公众开放。当天，行为艺术家"片山空"在参观引流过程后，突然脱掉外套，穿着印有"我替人类向动物谢罪"的T恤衫，双手合十祷告后，向熊场放养区的幼熊下跪磕头，让归真堂的现场工作人员措手不及。"片山空"说："熊受到了伤害，我们应该向它们谢罪，应该向它们忏悔。"

随后，工作人员再次安排"片山空"参观引流过程。第二次进入熊舍，"片山空"双手合十，到每个笼舍前行礼。离开后，他念着"南无阿弥陀佛"，拒绝回答记者的提问。在当天的座谈会上，"片山空"对归真堂的高管们说："熊养了你们那么多年，你们要怀感恩之心，善待它们。"归真堂副董事长蔡资团随即答之："我们很爱它们。""你们是爱它们的胆。""片山空"的反驳，赢得现场几位社会人士的掌声。他表示，归真堂不应该被动等待，而应该主动谋求发展转型，从事熊胆替代品开发①。

可见，"片山空"对归真堂事件的参与属于"低风险关注"，虽然其行为特立独行，但因其表现并不牵涉社会矛盾，也不关社会和谐之大局，该行为不会对他本人带来什么伤害，也不会引发尖锐的矛盾冲突。这位使媒体记者犹如"丈二和尚摸不着头脑"的行为艺术家，曾在寒冬中赤身钻进狗笼20分钟，呼吁民众不要吃狗肉。根据他的计划，他将用三年时间走遍全国各地的动物园，向包括狗在内的所有笼子里的动物下跪，替人类请罪，他至今已向老虎、豹子、蟒蛇、鸡、熊等动物下跪谢罪。这些都说明"片山空"的动物保护行为属于"低风险关注"，因而可以"畅通无阻"。

---

① 参见刘夏等：《归真堂再开放　参观者跪拜黑熊谢罪》，《新京报》2012年2月25日。

（二）社会争议与社会矛盾

"低风险关注"与"高风险关注"的区别，在根本上源于二者指向的事件的性质不同。我们可粗略地将"低风险关注"指向的事件的性质称为"社会争议"，而将"高风险关注"指向的事件的性质称为"社会矛盾"。"社会争议"与"社会矛盾"的关键区别在于，前者是事件的双方或多方只是对事件本身有不同的看法，但彼此之间并无直接利益冲突；而后者是事件的双方或多方不仅对事件的看法不同，而且这种不同乃基于不同的利益考虑，这种利益和态度上的差别，使事件的双方或多方容易产生较尖锐的冲突。

我们所讨论的归真堂活熊取胆事件中的各方，所面对的主要是"社会争议"，其焦点在于活熊取胆是否属于虐待动物，熊胆产品是否可以人工代替，归真堂有没有敷衍说谎，等等。当然，该事件中也有利益存在，如对归真堂来说，该事件涉及其核心经济利益，但这种利益与众多参与该事件中的社会人士并无直接关系。

我们可以把归真堂事件和"富士康事件"做一个对比。自 2010 年 1 月 23 日富士康员工第一次跳楼起至 2010 年 11 月 5 日，富士康已发生 14 起跳楼事件，引起社会各界乃至全球的关注。2011 年 7 月 18 日凌晨 3 时，又有一名员工跳楼，年仅 21 岁。和归真堂事件中较多的对话不同，"富士康事件"中劳资双方的对话、企业与社会人士的对话比较匮乏，社会力量难以介入其中。究其原因可能在于，富士康的十几连跳涉及人员伤亡，是个较为"敏感"的话题，无论该企业还是其所在的深圳市，都希望大事化小、小事化了，社会力量的介入无疑不受欢迎；而归真堂事件，问题比较明确，就是活熊取胆是否合理、熊胆产品可否替代的问题，并不涉及人身或生命安全，因而其对话相对容易，社会力量介入的阻力较小。

（三）"保卫社会"难于"保护黑熊"

近几年，保护动物的义举频频出现。例如，2011 年 15 日中午 12 时许，一辆载有 520 条狗的货车在京哈高速出京方向被动物保护志愿者拦下。这一消息通过微博引发众多网友的关注，数百人陆续赶往现场支援。但由于运狗货车各种手续齐全，警方无法对货车采取强制扣留措施。双方僵持中，爱宠网和中华慈善总会上善动物基金的工作人员闻讯赶到。至 16 日凌晨 3 时许，双方达成收购协议，爱宠网和上善基金会出资 11.5 万元将整车狗买下，连夜送往流浪动物收留中心安置①。无论归真堂事件中的"熊"，还是拦车救狗事件中的"狗"，都属于"弱势群体"，它们被伤害时难以自保，只能由人加以保护。

有意思的是，在关注所具有的风险的意义上，"保护黑熊"似乎比"保卫社会"更容易。无论是社会人士对活熊取胆的质疑，还是动物保护主义者救狗的义举，似乎都没有遇到强大的阻碍，其原因在于二者均属于"低风险关注"，不仅不属于群体性事件，而且也不触及社会制度问题。

四、眼见未必为实：被建构的真相

我们常说"眼见为实"，意思是，道听途说未必可信，只有自己亲眼所见的才是真实的，但在传播媒介越来越发达的信息"爆炸"年代，"眼见的"可能是被加工、被修饰过的"事实"。问题的关键在于，看与被看之间，并不是平衡对等的关系，被看者可能会有意修饰自己，把观众希望的"好"的一面呈现出来，而观众之所见，可能与事物的"真相"相去甚远。在某种意义上，归真堂的开放日也是一种虚实结合的"表演"。

（一）开放日的"表演"

2012 年 2 月 22 日早上，来自全国百余家媒体的近 200 名记者，坐着大巴车驶往位于福建惠安郊区的归真堂黑熊养殖基地。基地共有大小 9 个房区，其中1－7 号房为取胆室，8－9 号房为黑熊手术及休养室。根据归真堂方面的安排，所有记者被分为 10 人一组，依次经过更换防疫服、鞋底消毒等程序后进入 1 号取胆室，观看活熊取胆过程。

据归真堂负责技术管理的总经理陈志鸿说，"无管引流"技术是归真堂的专利。在取胆前，每头 3 岁以上，体重超 100 公斤的黑熊，要先接受一个"人工造瘘"手术，先把胆囊皮从肝脏附近牵拉到腹壁，从胆囊上切下片做成管子，再缝合在腹壁上，造出一个瘘口。熊被关在熊舍里，每个熊舍大小约 5 平方米，

---

① 参见张太凌：《高速路拦车运狗》，《新京报》2011 年 4 月 16 日。

关着两头成年黑熊，每个熊舍都连接着一个引流笼子，笼子大小基本与黑熊大小相称。取胆时，工作人员打开熊舍与引流笼之间的隔板，在引流笼前的食盒内放入食物后，黑熊便"自觉"地走进引流笼趴下进食。

不过，归真堂的"老对手"亚洲动物基金并未见证取胆的过程。2012 年 2 月 22 日 6 点半左右，出现在候车现场的亚基会外部事务总监张小海一行立刻引起媒体关注，但"不请自来"的亚基会显然未能受到归真堂的欢迎，张小海和他的同事被归真堂以"没有事先报名"为由拒之门外。张小海称，亚基会此前已向归真堂提交申请并电话沟通过，但在看到归真堂有关放宽参观批次的公告后决定提前去，结果却遭到归真堂的拒绝。就此，归真堂副总经理吴亚回应称，之所以将亚基会拒之门外，是因为张小海一行人未按预定流程进行登记报名。22 日下午，归真堂再度邀请时，却遭到了亚洲动物基金的拒绝。张小海称，此后不再与归真堂有任何互动，并不再发表任何与本次探访有关的言论，但亚基会将继续针对拯救黑熊展开一系列活动。

（二）被建构的"真相"

归真堂的本意是通过开放日，向那些持有异议的人士展示活熊取胆的过程，进而证明其生产经营的合法性。归真堂的开放日场景，通过新闻记者的摄影作品而迅速进入广大网友的视野，起码在直观印象上，归真堂的企业环境、设备、活熊取胆的大致过程，符合比较科学的程序，而且没有出现人们所质疑的黑熊多么痛苦的场景。

不过，对于这种在规定区域、规定时间看到的现场，人们深表怀疑。其原因在于，归真堂所呈现的活熊取胆的"真实"画面，都是其自导自演的，观众之所见，不过是被加工过的现实而已。所谓的开放日，其实是归真堂"有准备的开放"，就归真堂而言，它会把最好的企业形象呈现给社会，以减少质疑声音，确立活熊取胆活动的合法性，而这并不是这个企业的常态，也许开放日一结束，如此井然的活熊取胆过程便不复存在了。同时，除了在开放日允许进入现场的观众以外，其他人主要是通过媒体报道尤其是互联网的信息了解活熊取胆的过程，现场观众对活熊取胆尚且存疑，何况场外观众之间接所见了。

这使我们想起法国思想家居伊·德波（Guy Ernest Dobord）的观点。在其影响巨大的论著《景观社会》（spectacle society）中，德波指出："在现代生产条件无所不在的社会，生活本身展现为景观的庞大堆积。直接存在的一切全都转化为一个表象。"① 在先前那种以政治强制和经济占有为主要手段的统治方式已经为文化意识形态的控制所取代，景观创造了一种伪真实，通过文化设施和大众传播媒介构筑起一个弥漫于人的日常生活中的伪世界。概言之，景观已经成为人们主导性生活模式，人们在对景观的顺从中无意识地肯定现实的统治。

在传播媒介日益发达的今天，德波所说的景观社会的支配力量更加明显。报纸、杂志、电视、电影、广告、海报、电子信息屏等多种媒介，每天在制造和传播着不计其数的信息，人们无论身在家中，还是走向户外，总是被电视、广告牌、电子屏幕的图像或声音所包围。信息在选择人，而人无法自由地选择信息。过度的信息充斥着社会生活，甚至成为人无法摆脱的负担。表面上的信息搜索和选择，实际上也潜在地意味着人被信息"搜索"和"选择"。

（三）信息权力的运作

真相之所以"被建构"，在于信息权力的作用。所谓"信息权力"可以理解为，在信息成为一种稀缺资源时，那些掌握信息的人或机构所具有的权力，包括制造信息的能力、加工信息的能力、发布信息的能力和解释信息的能力等。

在归真堂和应邀的参观者之间，前者掌握着更多的信息权力。主要体现为：决定呈现企业哪个方面的权力，决定参观路线、环节的权力，对现场的活动进行解释的权力，等等。而参观者，并不都是动物医药学方面的专家，其所见所闻在很大程度上还依赖于归真堂的解释。因此，在活熊取胆的信息掌控方面，归真堂占有优势。在一定程度上，归真堂是利用开放日邀人参观的方式，给自己做了一次免费广告，而众多参观者，无论其抱持何种态度，其实也都为归真堂的自我释疑和广告宣传"出了一份力"。

如果说社会事实是通过信息来表达的，那么，掌握信息权力的人或机构，便可能通过制造、加工和发布信息来"建构"社会事实。从这个角度看，可以说，信息权力之下无真相，或者说，所谓的真相，更多的是信息掌控者的真相，而不掌握信息权力或掌握这种权力较少者，则只能主动或被动地接受被建构的社会事实。

---

① ［法］居伊·德波：《景观社会》，王昭凤译，南京大学出版社2006年版，第3页。

虽然中药协会会长房书亭当时一再表明，目前的无管引流式活熊取胆对黑熊健康并无影响，"如今活熊取胆是自体造管，无痛引流，并未对黑熊产生影响。"但世界保护动物协会项目协调员孙全辉博士向记者表示，实际上从熊第一次做手术准备取胆起，风险就存在，对熊的"虐待"就存在，因为这个手术对专业的要求是相当高的，而目前并不知道手术的成功率、引发的疾病及并发症等数据。"它基金"的一名工作人员表示，归真堂的公开参观将媒体和环保人士分开，如果不具备专业知识，是根本无法观察到本质问题的。

归真堂事件发生后，曾出现一个奇怪的事，从中可以窥见信息权力之一斑。2012 年 2 月 23 日，已故网友 Shina719 的微博中，出现支持归真堂活熊取胆的言论。经微博调查，系该网友微博账号被盗。同时，也有其他网友反映账号被盗后，微博空间里出现了支持归真堂的言论。部分网友认为，归真堂雇佣"水军"，盗用微博用户的信息。归真堂回应称，没有雇过水军，这是诬蔑。归真堂表示，以 Shina719 微博"死而复活"来抨击公司雇佣水军的，有特定的微博，它们进行了上千次转发。在这个事件中，归真堂与部分网友其实在争夺信息权力，即双方都对以 Shina719 名义发表的微博的信息进行解读。

有人说，"围观改变中国"，意味互联网及其众多网络产品的兴起，使更多民众能够表达自己的声音，起到指点江山、激扬文字、推动社会发展的作用。如果围观者只是根据互联网上的二手信息进行围观，那围观者之所见不一定是真实的事实。其实，有时"围观"未必"改变中国"，"围观"可能增加了无数无效信息，带来瓦釜雷鸣的结果。

五、寻求对话：网络社会中的心理诉求

互联网及其众多产品的兴起，为更多民众表达自己的观点提供了条件，但"表达"只是网络发言的一个目的，此外还有一个目的，就是"对话"。"表达"只是言说，表达者还希望自己的观点被他人看到、转载或评论。发言者的观点引起别人的回应，就是一种"对话"过程。虽然这种对话不是传统的即时性双向沟通，但从互动双方的信息往来上看，这种沟通也是对话的一种。而且，这

种对话能够在很多陌生人之间进行，超出了原有的熟人圈子和时空条件的限制。

（一）对话的渴望

归真堂事件留给我们的重要思考是，众多网民热情地参与其中，也许并不指望得出一个最终的答案，而仅仅是寻求表达自己声音的渠道和机会而已，或者说，在该事件中，渴望"真相"与渴望"对话"同样重要。前文已经分析了网络化时代的"真相情结"，这里不再赘述，而"渴望对话"可以理解为，在网络化时代网民有一种渴望沟通、对话、希望自己的观点被重视的心理。反过来说，因为网络化时代的兴起，社会生活个体化的趋势增加，网络中的个人往往是"一个人的舞蹈"，线下空间的面对面对话相对减少，这使得个体化境遇中的孤独者试图寻找沟通和被关注的机会。

渴望对话，除了社会生活个体化趋势之外，还有一个重要原因，即我国整体上的社会沟通对话机制尚不健全。例如，当发生群体性的利益冲突之时，由于缺少充分的利益表达机制，利益冲突可能带来破坏性，而在"稳定思维"下，这种利益冲突可能被"压"下来，但冲突性的心理并未因此而化解，反而可能变成潜在的压抑情绪，这种压抑情绪会在其他方面释放出来，甚至造成重大的人身伤害。例如，在"郑民生事件"[①] 中，郑民生因在实际生活的沟通中受挫，而将自己的愤恨指向手无寸铁的孩子。他以"想象的征服"的心理，释放内心的不满，对幼童的屠杀被想象为对社会或体制的"征服"，然而，这种"征服"没有胜者，只是制造了更多悲剧[②]。

在归真堂事件中，争论的焦点看似在熊的身上，其实是在人与人的关系上，也就是说，事件真正的互动双方是归真堂与众多持有质疑声音的社会人士，熊只不过是一中介因素罢了。如此一来，"与熊为善"实为"与人对话"，对于那些反对归真堂上市的人士来说，"与人对话"是"与熊为善"的前提。虽然归真堂事件中出现很多争论，但争论本身也是对话的一种，它起码说明了沟通的存在。可以说，争论比"沉默的遵从"更重要，前者尊重个人表达观点的权利，

---

① 参见孟昭丽、涂洪长：《南平案凶手郑民生一审获死刑》，《新华每日电讯》2010 年 4 月9 日。

② 参见王建民：《想象的征服——网络民意背后的社会结构》，《社会学家茶座》2011 年第 4 辑。

而后者更多的是隐藏了不同的意见。

不过，在归真堂事件中，归真堂的言论存在不妥之处，妨碍了对话的进行。例如，归真堂创办人邱淑花对记者说："养熊是林业部颁发批文，生产熊胆粉是1995年卫生部颁发药准字号，都合法。""可以说，如果反对我们就等于反对国家。"显然，这句话逻辑有误，虽然林业部批准"养熊"，但未批准"虐熊"；卫生部许可生产熊胆粉，但并未准许熊胆用于保健品生产。而"虐熊"和"熊胆非药用"，正是活熊取胆的质疑者的掌中利剑。"如果反对我们就等于反对国家"一语，大有猖狂挑衅之嫌，因而遭到众多网友的"炮轰"。

（二）"众声喧哗"的意义

一个社会存在不同的声音，是一个社会言路开放、思想多元的标志，寻求沟通和对话也是增强社会思维活力的必要条件。同时，越来越快的工作与生活节奏、社会生活个体化趋势的增加，也使沟通对话显得越来越重要。互联网的兴起，为普通民众提供了表达自己观点的便捷渠道，如果说平面媒体主要是精英的言说平台的话，那么互联网的兴起则使更多普通民众表达自己的声音成为可能。虽然网络舆论可能是"众声喧哗"，但如果这种"喧哗"是遵纪守法的言论自由的体现，便无可厚非。

互联网尤其是近几年微博、微信兴起之后，普通民众有了表达自己观点的便捷渠道，和平面媒体相比，互联网参与的门槛更低，传播信息的速度更快，而且网民可以通过发帖、评论等方式参与其中。可以说，互联网可以使一个"小事件"引起"大讨论"，进而影响事件发展的速度和方向。网络空间中，无数彼此不相识的个体的信息汇聚在一起，其所产生的传播效果远远超出个体的意图和作用。对个体而言，网络舆论影响社会事件的进程和走向，是一种"非预期后果"，也许每个人不经意的留言、转载、评论，都在推动网络舆论的形成。

网络民意甚至推动了很多事件的发展和解决，如"药家鑫事件""故宫失窃案""郭美美事件""甬温动车事故"等，这些事件甚至还被网民们不断地重新提起。网络民意对于监督政府权力、密切党群关系、伸张社会正义、帮扶弱势群体等起到了积极的推动作用。在这个意义上，我们应该肯定"众声喧哗"的意义和价值。

（三）从"小事件"到"公共论题"

在《社会学的想象力》一书的开篇米尔斯（C. Wright Mills）写道："现在，人们经常觉得他们的私人生活充满了一系列陷阱。他们感到在日常世界中，战胜不了自己的困扰，而这种感觉往往是相当正确的：普通人所直接了解及努力完成之事总是由他个人生活的轨道界定；他们的视野和权力要受工作、家庭与邻里的具体背景的限制；处于其他环境时他们则成了旁观者，间接感受他人。"① 米尔斯这句话至少包含两层主要意思：一是在复杂多变的现代社会中生活的个人，经常感受到来自其内心和社会外部的困扰；二是个人的困扰往往具有明显和强烈的"个体性"，他人难以或无法感知这种困扰，这使得个人困扰难以与他人建立起共同性，因而难以确定问题、达成共识、寻求化解之道。

米尔斯半个世纪前的论述似乎同样可以揭示改革开放30多年来中国社会的部分生活境况。一方面，从"单位制度"到"去单位化"的变革，使得高度组织化的生活空间渐趋弱化。随着国家权力逐渐从基层社会撤出，社会个体也逐渐从稳固的组织中分离出来。在社会团结的意义上，个人与其所在组织之间的联结纽带出现弱化甚至断裂。另一方面，抽象集体主义的式微与急速的社会转型共同催生了社会价值观念多元化，个人在其精神世界里同样日益感受到个体与社会的距离和张力。概而言之，这两个方面在实在与价值的双重意义上深刻地塑造着个体的社会生活。在这种情况下，互联网将个体困扰或小事件转化成公众论题，无疑有助于个体生活与社会生活的联结。

诚然，有的网络舆论带有非理性色彩，但非理性不意味着破坏性，有时我们将非理性舆论"妖魔化"了，想象它可能会引发某种社会后果，但实际上，我们设想的后果可能并未发生。如果非理性舆论确实反映了实际存在的社会问题，那么这些情绪反而起到"晴雨表"的作用，提示我们正视和解决实际问题。如果一些非理性言论表达的是民众对社会不公正现象的愤懑，那么这些情绪的发泄反而能起到"安全阀"的作用。正如美国社会学家刘易斯·科塞所言，"安全阀"是一种社会运行的安全机制，如果不满甚至敌对的情绪通过适当的途径

---

① ［美］米尔斯：《社会学的想象力》，陈强、张永强译，生活·读书·新知三联书店2001年版，第1页。

得以发泄，就不会导致冲突，像锅炉里过量的蒸汽通过安全阀适时排出而不会发生爆炸一样，有利于社会结构的维持和发展。互联网上的一些非理性情绪表达也有这样的特点和效果。

六、从网络舆论看社会分歧

在改革前高度政治化的生活中，社会共识往往是通过自上而下的政治宣传或政治运动来实现的，尽管这种社会共识比较集中一致，但却是一种机械的刚性的共识，个人的不同意见和想法往往无从表达。改革以来的30多年中，社会空间与言路空间的开放程度相对增加，个人有更多机会表达自己的观点，尤其是互联网的兴起，为这种表达提供了便利渠道。

透过归真堂事件，我们看到对话和争论的重要性。面对社会分歧，对话和争论的意义未必在于快速达成共识，而在于把不同的声音表达出来，在言语交流和思想碰撞中形成新观点。唯其自由表达，方有真知灼见。在这个意义上，"对话"可能比"同意"更重要。当然，对话不是自说自话者的喧哗，而是基于一定规则的讨论。

（一）争论的声音

对于归真堂上市，始终存在支持和反对的意见。支持者的观点认为，归真堂未必会被取消上市资格，因为证监会只是对上市文件做调查，不会涉及伦理方面的审核，只要是合法存在的公司，都有可能获批上市。西南证券并购总部董事陈波表示，单纯从上市资格角度看，一家公司从事的行业属于国家产业政策鼓励的行业，股权的历史演变中均合法有效，公司的主营业绩不存在虚假欺诈，历史业绩能证明公司具有可持续经营能力，在理论上就应该具备上市资格。

在归真堂开放日的说明会上，国家药监局药品注册司原司长张世臣说，活熊取胆在我国已由一代的杀熊取胆、二代的给熊穿"铁马甲"发展至如今第三代的无管引流，对熊的创伤已降至最低，并称医学界在人工熊胆方面做了很多工作，能够替代自然更好，但从人工麝香、人工牛黄的效果来看，并不能完全替代。针对媒体关于活熊取胆的存续性等问题，张世臣称："只要是在法律框架允许之内就可以做。"

然而，质疑和反对的声音似乎更大，也正因为存在众多质疑，归真堂事件才会不断在互联网上传播开来。除了活熊取胆是否人道这个主要问题外，质疑的声音主要有三：一是熊胆是否可以人工替代？二是活熊取胆的质量真的好吗？三是归真堂是否滥用熊胆了？

对于第一个问题，沈阳药科大学原副校长姜琦介绍说，人工熊胆于1983年经卫生部批准立项，相继由沈阳药科大学、辽宁省医药工业研究院等单位共同承担。科研人员经过几十次配方选择，最终使人工熊胆的化学组成、理化性质、稳定性等均与优质天然熊胆一致，主要有效成分相同、含量接近，而且质量稳定。经过研究，人工熊胆由上海中医药大学附属龙华医院、上海曙光医院等完成了二期临床试验，结果显示：在治疗急性扁桃体炎、肝火亢盛型高血压上，人工熊胆与天然熊胆的疗效无显著差异，可以1：1等量替代。姜琦说，到2007年，人工熊胆完成了研制、试验、批产权等全部工作，一直在等待国家批准。

对于第二个问题，姜琦介绍说，人工研制的熊胆中，主要成分牛磺熊去氧胆酸钠的含量和优质天然熊胆一致且质量稳定，而引流熊的胆汁在肝肠循环不足，加之长期引流使引流口发生了生理变化，所以质量很不稳定。广州一家医院的主任中医师丁教授表示，活熊取胆肯定有创伤，创口长期不愈合就容易发炎，而为避免发炎，多半会给熊使用抗生素，那么取胆制药的药效就因此会打折扣。亚洲动物基金会公关教育部负责人则表示，曾多次在养熊场的黑熊胆汁中发现抗生素残留。此前，亚洲动物基金中国区对外事务总监张小海曾说，熊的取胆伤口常年不愈，且插入导管取胆时很难彻底消毒，所以熊的取胆口常常发炎溃疡，肝胆病变也十分常见，导致胆囊感染、肝脏感染甚至癌症，可能会给消费者带来健康威胁。

关于"归真堂是否滥用熊胆了"这个问题，2012年2月15日的《经济参考报》报道说，国家食品药品监督管理局的资料显示，目前归真堂生产的众多产品中，只有"熊胆粉"和"熊胆胶囊"两种产品获得国家药监局批号，而其他30多种产品均未获得熊胆药品或含熊胆药品批号。归真堂生产的30多种产品，除了上述两种药品外，其他产品主要为熊胆茶、清甘茶等产品。不过，记者查询国家药监局网站后，并未发现归真堂产品获得任何保健品批准字号；而获得熊胆保健品批号的只有两种产品，也非归真堂产品①。

中国保健协会秘书长贾亚光表示，尽管国内目前尚未取消活熊取胆，但其根本原则是"熊胆入药"，如果厂家并非把熊胆"入药"而是挪作他用，毫无疑问应予以严格限制。亚洲动物基金中国区对外事务总监张小海也曾表示，以归真堂的一款产品为例，仅仅 3g 熊胆粉被包装在 50 厘米见方的盒子里，包装得很豪华，售价也高达 400 多元，"大部分的熊胆消费都是礼品消费，而不是药品消费，而这些礼品消费都是建立在黑熊的痛苦之上的。"②

可以说，上述观点都有理有据，而不是单纯的"众声喧哗"，这种对话方式无疑值得效仿。不可否认，网络空间的发言难以这样理性，互联网参与的匿名性，可能使一些网友发表一些与事实不符的言论，造成不良影响。对于这个问题，除了制定相关法律之外，政府和媒体应该以引导为主。互联网和日常生活一样，总会存在多元的声音，在多元的舆论生态中，即使存在一些"不良社会情绪"，也会被多元的舆论生态中和。所以，问题的根本不是网络舆论有多大的破坏性，而是政府、媒体和社会机构如何积极地引导舆论走向，保护多元舆论生态的发展。

（二）有原则地对话

多种声音的对话需要基本的游戏规则，或者说，对话的各方要有基本的"对话点"，否则，自说自话的争论只能带来更多分歧，而离共识越来越远。对归真堂事件来说，将法律原则与道义原则分开讨论很有必要。

从法律上分析，说归真堂"活熊取胆"违法并没有明确的法律依据。《中华人民共和国野生动物保护法》第十六条规定"禁止猎捕、杀害国家重点保护野生动物"，而归真堂活取熊胆不涉及猎捕和杀害野生动物，并不违反这一规定；并且，我国的法律也没有关于禁止虐待动物的规定。《中华人民共和国民法通则》中"民事活动应当尊重社会公德，不得损害社会公共利益"的法律原则、《中华人民共和国公司法》关于股票上市的规定以及《首次公开发行股票并在创

---

① 参见侯云龙：《归真堂熊胆产品"身份"疑点重重》，《经济参考报》2012 年 2 月 15 日。
② 参见曹虹：《归真堂邀百人观活熊取胆　万人签名抵制多地停售》，《东方早报》2012 年 2 月 20 日。

业板上市管理暂行办法》等法律规定，也没有明确禁止虐待动物或者"活熊取胆"。所以，归真堂活熊取胆与上市行为并未违反法律。

但是，归真堂生产含有熊胆粉的产品作为保健品销售，则存在法律上的问题，因为，根据《卫生部关于不再审批以熊胆粉和肌酸为原料生产的保健食品的通告》的规定，卫生部 2001 年起不再审批作为保健品的熊胆粉，从这个规则出台开始，熊胆粉的原料不可以再用于任何保健食品。而且，该规定出台前，卫生部只审批过两种含熊胆粉的保健品，都不是归真堂生产的。但是至今，归真堂仍然以保健养生为加盟定位，销售熊胆茶等含熊胆粉的保健品，这种行为违反了卫生部的相关规定。

归真堂活熊取胆事件反映出的最大问题就是动物受到虐待，而反虐待动物在法律上尚属空白。目前，归真堂"活熊取胆"虽然为现行法律所不禁止，但并不意味着这种状况应当继续存在，因为人类总是向文明进步的，而反虐待动物立法是国际动物保护立法的趋势。目前世界上已有 100 多个国家出台了反虐待动物法案，而在我国，2009 年就有专家提出了反动物虐待法专家建议稿，只是尚未进入立法机构或政府部门的立法规划或立法程序。

再从人道的角度看，活熊取胆是否人道，是否符合动物福利，是可以讨论的，动物保护主义者有权将这一问题变成公共议题，例如号召大家关注归真堂的活熊取胆活动，号召大家拒绝使用归真堂含有熊胆粉的产品。这种情形就像 2008 年网友号召抵制"家乐福"一样，你有权自己不进"家乐福"，也可以说服与你具有同样理念的人不进"家乐福"，但你无权阻止他人进入"家乐福"。动物保护主义者还有一个领域可有作为，那就是呼吁反虐待动物立法，推进保护动物福利的法律出台①。

（三）以包容的心态对待分歧

就归真堂事件而言，之所以存在众多质疑声音，或者说，之所以难以形成社会共识，其原因至少有几个方面：其一，归真堂是利益主体，其自我解释是"自说自话"，难以令人信服；其二，无论是中药协、媒体还是动物保护主义者，都不是绝对的专家与权威，没有哪一方能够提供可以服众的解释；其三，很多

---

① 参见杨文浩：《法律与人道别混为一谈》，《法制日报》2012 年 2 月 24 日。

质疑的声音来自互联网，众说纷纭，莫衷一是，又缺少将各种声音汇集起来的社会机制；其四，到过现场的是少数人，而旁观者（尤其是网络围观者）甚众，旁观者声音多而杂，亲历者的解释往往难以回应所有的质疑声音。

上述第二个方面尤为重要。在网络社会中，不仅信息多元，而且权威多元，信息传播不限于固定空间，传统的依赖于时空条件的权威弱化。这与传统社会有着明显不同，在传统社会中，老人是集经验、知识与权力为一体的权威形象，其社会权威的来源在于空间上"走得远"和在时间上"活得久"，年龄越长则权威越大。年长是时间与历史的见证，也是经验、智慧与权威的表征。人们对长寿的追求不仅仅在于生命的延续，也在于权威的保存。但在网络社会中，老人的权威弱化，而时尚、新奇、有趣、非主流等成为网络社会中备受推崇的价值。与此类似，长辈、老师、领导等角色的权威形象也非比寻常，代际关系、师生关系、领导与下属的关系需要在网络社会中重新定位。长辈、老师和领导的权威，只在某一方面有效，而难以在所有方面都比晚辈、学生和下属高出一筹。

在网络社会中，多元化、个性化和差别化的事物才能吸引人的眼球。一方面，多元异质且更新迅速的网络信息充斥着人们的思维，缩短了人们的思考时间，并不断地冲击着人们头脑中已有的信息存量。另一方面，在驳杂的网络空间中，立论者多，说理者少；转载搜索者多，独立原创者少；消极模仿者多，积极甄别者少；作壁上观者多，积极参与者少。"转载搜索"是知识与信息获取的方式，也是休闲娱乐的方式，新奇、有趣往往比"深度意义"更重要。由于深度意义的消解，人们之间沟通和共享的往往是符号、口号和奇闻逸事，而不是意义和价值，争论与分歧往往湮没了共识与同意。

回到归真堂事件上来，该事件中的质疑与回应，也许并不会得出一个最后的答案，而只是寻求沟通对话而已，沟通对话的理想结果也并不是各方完全一致，而是以包容的心态对待分歧，使不同的意见得到表达和讨论，进而被持有异己之见者接受。所以，多种声音共存而不是一家之言独大，也许才是归真堂事件的最后归宿，甚至可以说，这也是网络化时代很多社会分歧的最终结果。

七、结语

通过归真堂事件，我们可以管窥网络社会中信息与真实、现象与本质、个人与社会之间的张力关系。在网络社会中，"真相情结"驱使人们破除重重信息迷雾以逼近事物的真相，但以信息识别信息、以信息澄清信息，反而可能带来信息重叠，妨碍了人们对事物的判断。同时，由于不同的主体出于自身利益的考虑，会制造和发布对自身有利的信息，或对自身发布的信息寻找合理的解释，以获取和掌握更多的信息权力，而对局外的旁观者而言，这却进一步增加了信息识别的难度。

渴望对话与寻求关注是网络社会中重要的心理诉求，而繁杂的网络信息往往使对话难以达成。正因为信息多元驳杂，制度化的对话与沟通才显得尤为重要，这可能是网络化时代长期存在的核心问题。当然，渴望对话并非是希冀一个毫无差别的共识，而是实现多元声音的和谐共存，相类似地，寻求关注重在开展对话与合作，互动双方或多方通过基于相互尊重和理解的沟通，实现对彼此的接纳与承认。

在我看来，"线上空间"的分歧与争论无法自行化解，还需要"线下空间"的沟通与表达机制的建设。这也正是本书的基本立场，即在"线上空间"与"线下空间"交互作用的意义上理解网络社会，因此对网络问题的研究不仅要关注互联网本身的逻辑，更要保持对转型期社会问题的关切。概而言之，对"线上空间"与"线下空间"之复杂互动的研究，是网络化时代社会学研究的重要议题。

第九章

"众筹"与网络空间的差序格局

随着传统慈善公益事业陷入危机以及新型网络媒体的发展，一种新的公益模式逐渐兴起，它具有门槛低、受众广、参与方便等特点，相较于传统的公益模式，这种新兴的公益模式被称为"微公益"。顾名思义，"微公益"使人摆脱了传统的慈善活动远离普通社会成员的印象，让慈善几乎成了每个人都可以轻易参与的一件事。微公益在开始阶段，主要借助微博平台进行，随着网络社交媒体的发展，借助于微信等社交媒介开展微公益的方式越来越多，下文提到的"轻松筹"就是如此。

中国规模庞大的网民群体是微公益的潜在参与者。根据中国互联网络中心2017年1月22日发布的数据，截至2016年12月，中国网民规模达7.31亿，相当于欧洲人口总量，互联网普及率为53.2%，超过全球平均水平3.1个百分点，超过亚洲平均水平7.6个百分点。中国手机网民规模6.95亿，网民中使用手机上网人群占比由2015年的90.1%提升至95.1%，增速连续3年超过10%。[1]

一、网络众筹及其实现程度

微公益借助网络社交媒体开展，但不仅仅局限于微博尤其是新浪微博。微公益所体现的"微"特点，不意味着它不重要，而在于它真正地存在于普通群众的日常生活中，并服务于普通群众。与传统公益慈善相比，微公益正是从

---

[1] 中国移动互联网络信息中心：《中国互联网发展状况统计报告》（第39次），2017年1月22日。

"微"出发，以个体的独特需求为着力点开展公益活动。微公益的参与者甚至发起人都是普通大众或者草根群体，正因为关注个体，所以每个普通的民众都可能在需要帮助的时候发出声音，成为微公益活动的关注对象，而其他人也可以以自己的方式参与到活动中去，真切地关注公益行动的进展，感受以一己之力改善他人处境的过程。

2011 年因为民间公益力量的崛起而被称为"微公益元年"。自这一年开始，微公益项目在中国开始发展并产生巨大的社会效益，例如"免费午餐"、"大爱清尘"、"老兵回家"、"爱心衣橱"等项目。这些项目有自己独特的发展方式和轨迹，有的通过公众人士的参加来倡导；有的寻求与政府的合作；有的试图建立长效的公益机制，还会通过已有项目的影响力开拓出新的公益项目，进而推动公益事业的持续发展。

以比较有名的"免费午餐"计划为例，邓飞等数百位记者、国内数十家主流媒体，联合中国社会福利基金会发起了"免费午餐"基金公募计划，倡议每天捐赠 3 元钱为贫困学童提供免费午餐。该想法始于 2011 年 2 月，当时的《凤凰周刊》记者邓飞从一个支教的女老师那里听说山区的孩子吃不上午饭，决定去她的学校给孩子们免费建一个食堂。同年 4 月 2 日，黔西县沙坝小学免费午餐正式开餐，成为全国第一所享受免费午餐的学校。从此免费午餐计划在我国的贫困地区逐步发展起来。① 项目开始之后，邓飞进一步扩大宣传，包括和一些明星如马伊琍等人合作。后来这个项目通过网络、纸质媒体等各种宣传手段扩大自己的影响力，不断改进项目的运营模式，直至最后建立了专项基金，甚至推动了国家层面的免费午餐计划的实施。截至 2015 年 12 月底，免费午餐基金已经募款 17519 万元，累计开餐学校达 514 所，可以说，该计划为大规模改善中国乡村儿童的营养状况贡献了巨大力量。②

与免费午餐类似的还有许多其他的微公益项目，它们的影响力可能没有那么大，关注的群体也没有那么广泛，但是这些项目都是中国微公益事业发展的见证者和推动者。截至 2016 年 2 月 29 日，新浪微公益共有个人发起的求助项目

---

① 参见"免费午餐"官方网站：http：//www. mianfeiwucan. org/.
② 参见"免费午餐"官方网站：http：//www. mianfeiwucan. org/home/help/help1/.

16466 项，其中已完成 16253 项，累计有 4828341 位网友通过微公益项目捐款。①在已结束的项目中，有很多完成度超过 100%，如名为"爱心传递，温暖白血病女孩鲁若晴"的微公益项目 5 天内即筹集 105 万元善款，完成度达 106%。当然，也有完成度比较低的，只有 10% 甚至为 0。

在微公益兴起之后，以"众筹"模式开展的活动成为微公益发展的重要趋势。"众筹"是一个新兴的金融概念，对应的英语单词是 Crowdfunding，该词起源于美国，指普通大众以互联网为平台，集中多笔小额资金用来支持某个项目或组织。② 根据定义可以发现，众筹是利用网络平台借助群众力量来筹集资金以支持发起人的一种筹资方式。可以说，众筹的前提是必须要有网络平台，要有一定的受众群体，并且要有发起人，这些条件成立的必要前提就是网络化时代的来临，尤其是以网民的互联网参与为突出特征的 Web2.0 的兴起（个人发布的信息能够在网络上快速传递）。

互联网技术的进步为众筹的发展提供了必要条件，"微"的特点在这一时代充分表现出来。但是，随着众筹模式的推广，我们却发现在同一平台上发布的项目的"完成度"（已募善款与目标善款额度的比率）存在很大的差异。有的项目能够在很短时间内完成筹款目标，而有的项目可能一直到截止日期都不能筹集到所期望的金额，造成这种差异的原因值得我们思考。

可以说，线上空间的社会关系往往是线下空间社会关系的投影，线下空间的社会关系往往也会影响到线上空间的社会关系。我们可以用线下空间的例子来思考这种差异的存在。当我们遇到困难时通常会向他人求助，尽管会有"一方有难八方支援"的说法，但是这里的"八方"往往和这"一方"存在各种各样的关系，由于各自关系的不同，这"八方"中的"一方"支援有难"一方"的力度可能会存在很大差异，简言之，双方之间关系的性质决定了支援的力度。这也就涉及了社会学中的经典概念，即费孝通先生提出的"差序格局"。

如果宽泛地将差序格局理解为社会关系的亲疏远近格局，那么这一概念可以很好地解释现实世界中人们所受其他人帮助存在差异的原因。但是，网络空

---

① 参见新浪微博微公益主页：http://gongyi.weibo.com/. 2016 - 02 - 29。
② 胡吉祥、吴颖萌：《众筹融资的发展与监管》，《证券市场导报》2013 年第 12 期。

间毕竟是不同于线下空间的存在，而是有着自己的独特之处。在这种情况下，这个经典的概念还能不能解释求助者的受助差异呢？考虑到资料收集的便利性，以及尽可能保证资料的完整性，我们以在微信平台上开展的公益众筹——"轻松筹"平台项目的几个案例为基础，分析这些案例中捐助者与受助者之间的关系以及不同求助者之完成目标存在差异的原因。

二、众筹案例的比较分析

这里所说的"轻松筹"，是指北京轻松筹网络科技有限公司发起的众筹平台。北京轻松筹网络科技有限公司成立于 2014 年 9 月，同年基于社交圈、面向广大网民日常生活的"轻松筹"正式上线。截至 2016 年 5 月 1 日，轻松筹平台共有 49334920 个注册用户，553601 个筹款项目，支持次数 76379381 次①。

轻松筹平台上的项目大多聚焦在用户的日常生活领域，如一次私房菜的分享、一次说走就走的旅行、一场梦想中的画展等。这些项目大多只是发起人的小愿望，支持者的支持金额通常较小，不会对支持者的生活带来很大的影响，容易得到朋友间的反馈和支持，所以更容易吸引大家的参与。

轻松筹平台涵盖了各个领域的众筹项目，例如创业、销售、公益等，在这里我们主要关注这一平台上的慈善公益项目。"轻松筹"的公益众筹项目通过"微爱通道"模板发起。资金募集者可通过微信平台发起自己的众筹项目，再基于朋友圈以传播自己的众筹诉求，并通过好友间的转发逐渐扩大传播范围。轻松筹的运行模式较为简单易行，支持者只需通过微信支付等第三方支付平台即可完成对项目的支持。公益众筹项目的发布需满足以下要求：发起方为组织机构的，需要提交机构资质证照；发起方为个人的，需要提交身份证明信息；医疗援助项目，必须上传相关图片，包括受助人身份信息，带有医院公章的医院诊断证明；项目结束后提现的账号必须是受助人本人或直系亲属。此外，微爱通道的"大病救助"项目必须通过项目验证方可将筹集资金提现。同时，若项目在目标时间内达到或超出目标金额，则不可以继续支持该项目；若项目失败，

---

① 参见轻松筹官网：http://www.qschou.com/.

系统会将筹款全部原路退给支持者。

在轻松筹平台的众多公益项目中，有的筹款成功，有的失败。我们将着重介绍其中的几个公益慈善项目，这些项目都是发起人为自己的亲人筹集资金治病的案例，发起人有的是学生，有的是在职人员，受助者主要是患有重病或遭遇重伤，需要大笔资金救治。

下面我们重点介绍三个案例：

案例一："救救与病魔斗争的宝贝"①

该案例的发起人是 GWT② 女士，发起时间为 2015 年 12 月。由于笔者和发起人具有某种间接的社会关系，该项目发起后笔者周围有很多人在微信朋友圈分享这条求助消息，因此笔者对这个案例给予了持续关注，同时收集了与这个案例相关的消息，包括捐助者的留言以及案例的进展等。下面是 GWT 的求助信内容：

各位好心人：

你们好！感谢您百忙之中抽空来读这份求助信，倾听一位不满 5 岁孩子父亲和母亲的内心呐喊！

她本来有一双星星般闪亮的眼睛，却日渐蒙上一层阴霾，不但遮住了光明，还危及生命。

我叫 GWT，北京某财经类院校 01 届财务管理专业学生，我的女儿叫 ZYN，2010 年 12 月出生，现在还未满 5 岁。

2014 年 8 月 30 日是女儿幼儿园开学的日子。暑假期间，母亲说孩子的视力有点不好，于是，我们便带女儿去医院检查，初步诊为先天性白内障。我们不敢相信，连夜赶到了武汉。第二天上午，湖北省人民医院的诊断结果更让我们悲痛，女儿被确诊为左眼视网膜母细胞瘤。也就是儿童眼癌，发病率只有几万

---

① 案例内容参见 http://www.qschou.com/project/ffc6dc47 – 3178 – 4741 – bf7a – bb66d47a3623? uuid = 62e21d8e – 6df2 – 446f – 95f2 – 3954aabc65c7&platform = wechat&shareto = 2.

② 根据学术惯例，所有案例中的人物均为化名，下同。

分之一，属于罕见病种。目前的最保险治疗办法就是摘除眼球，才能保住性命。

失去眼睛，对于一个当时不满4岁的孩子来说太过于残酷。经过多方打听，目前国内比较权威的就是北京同仁医院眼科。医生看完女儿病情后，告诉我们小孩的病情已经发展到眼内期D期，也就是眼内期的中晚期，保命同时保眼还是有比较大希望。但接下来的治疗情况却让我们始料未及。回湖北省人民医院做全身化疗，女儿躺床上两天，每天打10多个小时的吊瓶，再加上化疗的副作用，我们心如刀割。但是女儿始终没有哭闹，异样的坚强。听说介入对肿瘤效果更佳，化疗后的第21天我们慕名来到广州妇女儿童医院做动脉介入治疗。女儿坚持自己走进手术室，还对我们微笑说"我不怕"。手术室关门的一瞬间，我们全家人哭得抱成一团。介入后第20天，女儿眼底检查情况比较糟糕，看不见眼底医生无法判断病情，医生建议我们摘眼或者波切，为了不让孩子的生命有残缺，全家人商量还是决定去泉州做波切手术。手术后，医生说"宝贝很坚强，手术也比较成功，以后每两个月复查一次就可以"。看着眼睛蒙着纱布的女儿，我们多希望能替她承担这一切，多希望那个从手术室走出来的是我们。

从2014年12月开始，我们每两个月带孩子复查一次，女儿病情恢复都正常，直到今年9月25日，通过核磁检查医生发现病情有变化，让我们住院观察至10月15日再次复查。10月16日医生经过专家会诊认为肿瘤在视神经复发，已经危及生命，要求立即联合神外科进行开颅切断视神经和摘眼手术。我们瞬间觉得天塌下来，10月23日，女儿在湖北省人民医院接受了摘眼手术和开颅手术，手术持续了六个多小时。一星期后，手术病理检查结果出来显示肿剪断的视神经断端有癌细胞浸润，情况非常严重，医生要求我们出院后到北京同仁做全化和腰穿打鞘，并且还要中间配合眼眶尖和视交叉尖放疗。并且还不能保证有效！我们顿时陷入了绝望！经过多方打听，知道现在美国有一种质子技术可以专门针对我们家孩子的情况配合其他药物进行综合治疗，并且原位复发率极低，但是费用极高，前期国内治疗就已经花费近30万元，200万元对于一个普通家庭来说就是天价，目前我们已经把能借钱的亲戚都跑遍了，把房子车子等能卖的都卖掉，也仅能凑出70多万元，与200万元差之甚远！

是放弃？还是治疗？……看着孩子遭受痛苦，却坚强得从未哭出一声，为人父母的我内心在滴血；想着年仅5岁的小生命，还未在父母的怀中撒娇撒够，却即将面临生死别离，为人父母的我痛不欲生。

经过多少个痛苦的日日夜夜，我终于鼓足勇气，拿起笔将我女儿的不幸遭遇向各位好心人反映，也向好心人求助。请帮帮我可怜的女儿，我真的不愿她这么小就离开这个世界。她才上幼儿园中班，还没有走进过小学校门，还没有穿上过中学校服，还没有看上一眼她心目中的武汉大学，小区还有很多小朋友在等她回去玩耍，幼儿园李老师布置的一道画画题还没完成……她还有很多事要去做，还有很多地方没去看，还有太多的亲人在焦急地等她！

真心地恳求您，求求您伸出援助之手，救救我可怜的女儿吧！跪谢！

在求助信后面，附有发起人及其丈夫的手机号、微信号和 QQ 号，以及发起人的银行、支付宝和微信账号。在另附的 5 张照片中，有两张是需要救助的孩子的照片（其中一张是生病前的照片，一张是生病后的照片，对比强烈），一张被救助者的病理报告，一张是被救者的医学出生证明，还有发起人本人手持身份证的照片。

这个项目筹集的资金目标为 200 万元，轻松筹平台的单个项目运行时间为一个月，但该项目在两天内就迅速完成了，共筹集到资金 2000176.58 元，得到支持 19276 次，每次平均支持 103.8 元。而且，来自 GWT 大学校友会的消息显示，除了轻松筹平台之外，其支付宝、银行账号也收到大约 200 万元的善款，两天内总善款达 400 万元，可以说这是一个很成功的项目。在筹集成功之后，GWT 更新了一次进度，内容是"准备带孩子就医"，收到了 8 条祝福，在这 8 条当中有 3 条明确表示是 GWT 的大学校友，在 GWT 的 2 条回复中第一条是"谢谢各位学姐学妹学弟，我代孩子感谢大家"，她先感谢的就是她的校友们。

案例二："希望命运眷顾我的父亲"①

与上一个案例一样，这个案例也是笔者的微信好友在朋友圈里分享的。求

---

① 案例内容参见 www. qschou. com/project/7f32a1a2 - fa10 - 4056 - 850c - b733ba63f577? uuid = 8b6ac8c1 - b4e7 - 41f7 - 92f3 - 029a25539a9f&platform = wechat&shareto = 1&from = timeline&isappinstalled = 0.

助者是上海某大学的大四学生 ZYY，发起时间是 2016 年 2 月。与案例一相似的是，发起人具有相似的教育背景，但是这个案例中的发起人是在校学生。所以，ZYY 相对于案例一的发起人来说，其社会关系及相关资源可能相对较少。该发起人求助信的主要内容如下：

各位同学，朋友，老师，爱心人士，我是上海某著名财经院校的大四学生 ZYY，目前保送至北京某著名综合性高校攻读硕士学位。因为父亲罹患外周 T 细胞淋巴瘤，非特指型 3B 期，长期需要放化疗及靶向药物等治疗，费用高昂，在此恳求大家的热心捐助。

从小到大，父亲一直是家里的顶梁柱，父亲普通的工人工资是家里唯一的收入来源。高二时，父亲因所在企业裁员不幸下岗。为了维持家庭和支撑我继续读书，近 50 岁的父亲只能到各处去打工，和年轻小伙一样干着艰辛又收入微薄的体力活。大一时父亲曾发现自己腹股沟处有无痛肿大淋巴结，但父亲并没有放在心上，也没有去做任何检查。父亲非常节约，小病忍着成为了父亲的一种习惯。但因为父亲身体一直比较硬朗，我和母亲便没有在意。

三个多月前，父亲在外地打工时突然腹部剧痛难忍，脸色发青，一夜未眠的他清晨坐火车回家，做腹部 CT 后发现腹主动脉周围有多个肿大淋巴结，较大者已达 5.5cm×4.7cm。那时我还在上课期间，父亲为了避免我过于担心，对我隐瞒了病情的严重性。2016 年 1 月 16 日，放心不下父亲的我考试结束立刻回家，带着父亲去省肿瘤医院就诊。2016 年 2 月 4 日，过年前两天，父亲终于确诊为淋巴瘤。过年期间，因为医院不能化疗，父亲只能暂且回家，而父亲的病情难以再耽误，于是医生让我们买靶向药物西达本胺"保命"，过年期间半夜里父亲高烧不断，每一天我和妈妈都提心吊胆。2 月 14 日初七，我们赶回医院，医生确定了 chop 化疗联合西达本胺靶向药物的治疗方案。然而，对于经济尚未独立的我，对于本就不太富裕的家庭，十几万的化疗费用和每月 2.66 元万（全自费）的靶向药物治疗实在无法承受，因此我们只能跟医生商量暂时停掉西达本胺，用化疗来延续生命。然而现在第一次化疗结束，淋巴瘤却在短短几天之内飞速复发，病情不能控制，急需靶向药物的治疗。外周 T 细胞淋巴瘤非特指型为罕见病，治疗手段及药物都非常有限，是所有淋巴瘤中最麻烦的一种。医生每次查房都摇头叹气，但我如何忍心告诉渴望继续工作供养家庭的父亲他病情的严重性。

除了肉体的折磨，父亲的内心承受着非常大的压力，他不希望耽误我的学业，希望我能继续读书，甚至说出他认为自己拖累了我的话，当初若不是为了节约，父亲的病情也不会拖延到如此严重。面对头发花白辛苦了大半辈子的父亲，我如何能让父亲放弃治疗，但现在的我面对经济压力无法解决非常无助。因此，我只能求助大家。无论您给予多少帮助或支持，对于我的父亲都是巨大的帮助，在此谢谢大家了！

在求助信的后面附有银行、支付宝以及微信等转账方式，并没有注明收款人是谁。在附有的 8 张照片中，一张是被救助者的病床照，一张是发起人的学生证，5 张被救助者的病理报告单，还有 1 张买药的发票。可以发现，在案例中 ZYY 详细介绍了他父亲的生病过程，表达了希望救助父亲的强烈意愿。这个案例的目标是分两个阶段筹集共 16 万元，每个阶段筹集 8 万元。两个阶段的任务均已完成，共筹集善款 168217.01 元，支持次数为 3911 次，平均每人次支持 43 元。在这个案例中，ZYY 并没有进一步介绍父亲的救助过程，但是我们从捐助者的留言中会发现有人是她的大学或者高中同学，但是鉴于目前都是学生，他们的捐助金额并不是很高。

案例三："爱心人士捐助。一分也是爱"①

这个项目发起于 2015 年 12 月，发起人是 ZQS，是给他遭遇车祸的哥哥求助。这个案例同样是在 2016 年 2 月由其他人微信分享后引起笔者关注的，比较特别的是，这个案例没有达到预期的筹资目标。案例具体情况如下：

我叫 ZQS，来自黑龙江省同江市，照片中的是我的大哥 ZQL，在 2015 年 12

---

① 该案例原名为"爱心人事捐助。一分也是爱"，这里对错别字进行了处理。内容参见 www. qschou. com/project/d23c291e – fc97 – 4a98 – a869 – fca54113ea2c？ uuid = 62e21d8e – 6df2 – 446f – 95f2 – 3954aabc65c7&platform = wechat&shareto = 2.

月26日晚发生重大车祸！现在在佳木斯二院重症监护室！经检查，头部大脑扩散有瘀血，心脏受损，脸部颧骨骨折，车祸发生后天气太冷！手和耳朵有严重冻伤！因家庭贫困，付不出昂贵的医药费，向亲朋好友已经借了不少钱，还是不够支付昂贵的医药费，希望好心人能够伸出援助之手帮帮忙。

后面附有被救助者的邮政银行的账号、手机号及微信号等，另外附有9张照片，均是被救助者在病床上的照片。这个案例共筹集到3376.56元，而它的目标则是30000元，得到的支持为235次，平均每次支持金额不到15元。观察留言部分会发现，很少有捐助者提到和发起人或者救助对象具有血缘或者业缘关系，只是出现了好多个"拉起河×××♥"的捐助留言，这些留言的捐助者均是一个网名叫作"阿宇"的人。经过查证，"拉起河"为黑龙江省同江市三村镇下辖的行政村。初步判断，这部分实际捐款人可能是和发起人或者受助者有地缘关系，但是实际捐款人可能不会在微信平台上进行捐款操作，或者没有在微信平台上进行捐款的条件，才委托这个网名为"阿宇"的人代替捐款。

三、众筹效果差异的现实基础

在网络空间中存在大量的"互联网圈子"，这些"圈子"既是线下空间社会圈子在网络空间内的投射，同时也有自己的特点。不过，我们发现，网络空间中的信任往往需要线下空间的支撑，而网络空间中的信任关系是保证微公益事业良好发展的前提条件，因此，在众筹的过程中，线上空间与线下空间存在密切关联。

（一）众筹效果的差异

分析前文提到的三个案例，我们可以发现，案例三是一个筹资目标最低的案例，相较于案例一的200万元以及案例二的16万元，这个案例的3万元钱可以说是很容易达到的目标，但最终却失败了，这就需要我们思考其中的原因。

首先，不同案例对被救助者的描述存在较大差异。案例一用了近1500个字进行描述，介绍了自己的社会身份尤其是她孩子发病及治疗的详细过程，条理十分清楚，并且字里行间也明显流露出一个母亲对于救治孩子的渴望和急切心情，例如"倾听一位不满 5 岁孩子父亲和母亲的内心呐喊""想着年仅 5 岁的小生命，还未在父母的怀中撒娇撒够，却即将面临生死别离，为人父母的我痛不欲生"等，这些都是一位母亲情感的自然流露，具有很强的感染力。案例二的文字描述有 984 个字，发起人同样介绍了自己的社会身份，尤其是详细介绍了其父亲的发病以及救助过程，当看到"我如何忍心告诉渴望继续工作供养家庭的父亲他病情的严重性""父亲的内心承受着非常大的压力，他不希望耽误我的学业，希望我能继续读书，甚至说出他认为自己拖累了我的话"等描述的时候，女儿对父亲的亲情以及一位伟大父亲的隐忍跃然纸上。相比于前两个案例，案例三的求助信仅仅用了 163 个字，没有对发起人和被救助者社会身份的描述，仅仅是一个简单的对被救助者病情的描述，而且描述得十分简单。对于潜在的捐助者来讲，人们看到的只是一个病情的介绍，缺少感动人心的力量。

三个案例附带的信息同样也存在明显差异。案例一附带的照片中既有发起人的照片和身份证信息，又有被救助者的照片和出生证明以及病理诊断证明，这些无疑会大大地增加这个案例的可信度。同样，案例二附带的照片有发起人的学生证以及其父亲的照片和其父亲的诊断证明，包括用药的发票，这些同样会使整个案例的可信度增强。但是案例三上传的照片只有被救助者在病床上的照片，而在文字部分没有关于社会身份的介绍。同时，在案例三附带的照片中，没有关于身份证明的材料，没有病历照片，对病情的描述也比较简单，没有说明可能的治疗效果，没有说明治疗所需要的金额，没有交代具体的家庭情况，也没有说明剩余的善款如何处理，这无疑会使人对案例的可信度有所怀疑。而且，案例三也缺少具体入微的能够激起人同情心的细节描写和充满感情色彩的词句。

另外，从前面的案例描述中我们可以发现，案例三平均每次的支持金额要低于前面两个案例，尤其是和案例一相比较而言。虽然信息呈现带来的可信度会影响到人们的支持次数，但最后筹集到的款项受到支持次数和平均每次支持金额的影响，每次平均支持金额较低无疑会加大筹款的难度。案例三中平均每次支持金额不足 15 元，要完成它的筹款目标至少需要 2000 人次的支持，所以平均每人次支持的金额较低是筹款困难的重要影响因素。

（二）微信圈子的社会基础

网络空间是线下空间派生出来的空间存在，它既与线下空间存在千丝万缕的联系，同时也有自己的特点。网络空间内存在各种"圈子"，这些圈子往往脱胎于线下空间。首先，我们简单讨论"线下圈子"。费孝通在《乡土中国》之"家族"一文中，这样描述"差序格局"和"团体格局"的区分：

我为了要把结构不同的两类"社群"分别出来，所以把团体一词加以较狭的意义，只指由团体格局中所形成的社群，用以和差序格局中所形成的社群相区别；后者称之为"社会圈子"，把社群来代替普通所谓团体。①

也就是说，费孝通意义上的"社会圈子"是指在差序格局之下形成的社群，这就需要提到差序格局的问题。差序格局是费孝通对中国乡土社会结构的概括，在《乡土中国》中他这样写道：

在我看来却表示了我们的社会结构本身和西洋的格局是不相同的，我们的格局不是一捆捆扎清楚的柴，而是好像把一块石头丢在水面上所发生的一圈圈推出去的波纹。每个人都是他所在社会影响所推出的社会圈子的中心。被圈子的波纹所推的就发生关系。每一个人在某一时间某一地点所动用的圈子是不一定相同的。②

这是中国社会学史上的一个经典比喻，形象地表述了中国乡土社会结构的特点。"差序格局"这一经典概念影响到后来的社会学研究，很多学者都对这一概念进行补充、界定、延伸，例如黄光国将中国社会的"关系"分为"情感性关系""工具性关系"和"混合性关系"三类③，阎云翔认为差序格局包括"横向的弹性的以自我为中心的'差'"和"纵向的刚性的等级化的'序'"两

---

① 费孝通：《乡土中国》，人民出版社 2015 年版，第 43-44 页。
② 费孝通：《乡土中国》，人民出版社 2015 年版，第 28 页。
③ 参见黄光国：《人情与面子：中国人的权力游戏》，黄光国、胡先缙等：《中国人的权力游戏》，中国人民大学出版社 2004 年版。

个部分①，等等，这些都是在差序格局的框架下进行的研究，并没有脱离费孝通最早的阐述。

　　社会圈子是在差序格局之下形成的一种社会关系网络，每个人处在一个中心的位置，和周围的与自己发生联系的不同人组成不同的圈子，在不同的情况下人们会动用不同的圈子为自己所用。我们要明确个人的社会圈子是指个人所能触及的范围，这个范围会随着个人情况的变化有所变化。就如费孝通在《乡土中国》中举的例子，富裕人家的街坊可能是整条街，而贫穷人家的街坊可能只有自家离得近的三五家，也就是说圈子具有伸缩性。此外，圈子内部会形成一种互助关系，这种互助一般是双向的，如果出现单向的关系，那么帮助的一方一般也会期待得到回报，这种回报可能是经济上的也可能是情感上的。在现实生活中，圈子会有对内保护和对外排斥的特点，圈子作为一种分配资源的方式，会保护内部人的利益，避免圈子的利益外流，同时排斥外来人对圈内资源的分享和利用，这种对内保护和对外排斥的特点，是保持圈子稳定的重要因素。

　　网络空间中同样存在圈子现象，有学者将互联网圈子定义为：社会成员基于不同缘由，以社会关系的远近亲疏作为衡量标准，通过互联网媒介平台集聚与互动，所建立并维系的一个社会关系网络②。由此而见，互联网圈子的组成是以现实的社会关系为基础形成的，而微信朋友圈就是典型的互联网圈子，不同人建立不同的圈子，最终形成一个错综复杂的网络化的关系结构。轻松筹在微信平台上的传播脉络，反映了微信圈子的构成模式，而公益救助者支持的力度也反映了群己间圈子的关系强度。

　　通过比较前文的三个案例，我们可以发现，微信圈子与现实圈子之间既有相似性，同时又存在差异。先来分析二者之间的相似性，微信圈子是现实社会圈子在网络世界的延伸。

　　首先，现实社会圈子的规模直接影响到微信圈子的规模。观察三个案例我们可以发现，案例一和案例二的求助者均介绍了自己的一部分社会身份，案例

---

①　参见阎云翔：《差序格局与中国文化的等级观》，《社会学研究》2006 年第 4 期。

②　朱天、张成：《概念、形态、影响：当下中国互联网媒介平台上的圈子传播现象解析》，《四川大学学报》（哲学社会科学版）2014 年第 6 期。

一的求助者是北京某著名财经类高校的 2001 届学生，已经工作多年，而案例二的求助者是上海某著名财经类高校的学生，还没有毕业。二者的教育背景相似，但 GWT 的工作经历无疑会扩大她的社会圈子，我们基本上可以认为二者相比GWT 的社会圈子规模更大。观察这两个案例的相关数据可以发现，无论是支持人数还是人均支持的金额以及捐助的速度，案例一都要优于案例二，基本上可以看出 GWT 的微信圈子规模要大于 ZYY。同时，我们观察捐助者的留言，案例一的留言有"学姐加油""××你好！我是李老师，宝贝一定会好起来的!""愿××宝贝早日康复！外国语伍家岗园肖邦班××小朋友""我的女儿和××是一个幼儿园的""我们是一个小区的"等，从这些留言中我们可以看出捐助者有发起人的校友、老师，有小孩的幼儿园同学的父母，还有发起人的邻居等，当然其他与发起人具有社会联系的人如同事、朋友等，因为相互之间比较熟悉，在留言时可能不会标明身份，这在一定程度上说明微信圈子的成员来源于现实圈子。而案例二中的留言中会有"校友""坚强啊，学姐""以前同届的高中学霸，一定默默支持你!!! 为你父亲祈祷!!!"等。当然，我们不排除在没有留言的人群中会有和发起人具有其他关系的人，但是从这些留言中我们可以发现，ZYY 的微信圈子主要集中在校友群体中。对比案例一和案例二，可以认为个人的现实社会圈子规模直接影响到了其微信圈子的规模。

其次，现实社会圈子的资源禀赋同样会影响到微信圈子。社会圈子是整合资源的一种方式，圈子内部成员会互相分享自己的资源，形成圈子整体的资源，而每个成员都有使用圈子资源的权利。现实社会圈子的资源禀赋同样会影响到微信圈子。对比三个案例可以发现，现实社会圈子资源禀赋最为丰富的是案例一的 GWT，她的校友圈子、工作圈子、生活圈子都具有丰富的资源，甚至和她女儿的同学的家长都可以组成一个圈子。这些社会圈子移植到网络空间内，成为她微信圈子的一部分，现实社会圈子的资源也持续在网络空间中发挥作用。同样，案例二中 ZYY 的校友圈子的资源也移植到了网络空间中，成为在微信圈子中可以继续使用的圈子资源。与之形成对比的是案例三的 ZQS，他对自己的社会身份几乎没有介绍，很可能是自己的社会背景较为单一，相对来讲他的社会圈子也会比较单一，而在社会圈子比较单一的情况下，社会圈子的资源也会比较简单，资源禀赋相对较弱。观察案例三的相关数据及捐助者留言，我们可以发现发起人的微信圈子的规模较小，成员之间支持力度较弱，而且能明确社会关系的只有"拉起河"村的成员，他们的支持力度也比较小，捐助金额多在10元左右，没有超过50元的，也就是说ZQS的现实圈子的资源禀赋直接影响到他的微信圈子的资源禀赋。可以说，ZQS的现实社会圈子的资源禀赋差于案例一中的GWT，到了网络空间中这种差异仍然存在。可以说，由于微信圈子往往比现实社会圈子边界更为模糊，也更容易扩大，所以现实社会圈子较大的人在网络空间中微信圈子的扩展也更为明显，于是线下空间中存在的圈子间资源禀赋的差异在网络空间中往往也会变得更大。

最后，现实社会圈子的组成方式也会影响微信圈子。一般而言，生活经历较为丰富的人，其社会圈子往往更为复杂，组成方式也更为多样，异质性较强；而生活经历相对简单的人，其社会圈子的组成会较为单一，同质性较强。在同质性较强的情况下，圈子提供的资源相对也比较单一，圈子内部的互补性较弱。对比三个案例，社会圈子异质性较强的无疑是案例一的GWT，她的社会圈子包括同学、校友、同事甚至幼儿园的老师和学生家长。案例二的ZYY和案例三的ZQS生活经历相对简单，他们的社会圈子的同质性较强，因此观察他们的微信圈子可以发现，微信圈子的组成方式与其现实社会圈子几乎一样。在微信圈子中，GWT能够十分顺利地筹集到自己需要的资金，而圈子同质性较强的ZYY和ZQS之所以在最后的筹款结果上会有差异，主要原因在于他们的同质群体总体水平的差异。ZYY的微信圈子主要是她的同学，而且是水平较高的一所学校，其资源禀赋相对较高，而ZQS的微信圈子主要是他周围的村民，资源禀赋相对较低，甚至这些人还要委托他人通过微信为自己捐款。纵然学生群体几乎没有收入，但是对比两个案例的捐助信息，我们可以发现，案例二中学生的捐款数额平均水平上还是要高于案例三中的村民，这说明在微信圈子中，当圈子内部同质性较强的时候，群体的资源水平往往决定了整个圈子的资源水平。

（三）微信圈子的新特点

微信圈子作为现实社会圈子在网络空间的延伸，二者均具有很强的伸缩性。通过比较三个案例我们可以发现，案例一之所以能够迅速地筹款成功，与GWT的社会关系网络有很大的关系。通过捐助者的留言可以发现，该项目的捐助者中既有她的同事，也有她的大学和中学校友，甚至还有孩子的幼儿园同学的家长以及所居住小区的邻居，这些人构成了捐款的主力。在微信空间中，GWT 广阔的圈子是她筹款迅速成功的重要前提。在案例二中，捐款的也有 ZYY 的大学及高中同学，这一部分人构成了捐款的主力。而案例三一共只获得有 235 次支持，在捐款者中，有 31 份捐款是昵称为"阿宇"的人代捐的，而且均注明"拉起河×××♥"。如前所述，我们推测，捐款者可能是普通村民，而且不懂或没有开通微信，因此请人代捐。进而可以推断，ZQS 的朋友圈主要是农民或农民工。根据留言并没有发现其他与发起人具有特定社会关系的群体。正如社会圈子一样，微信圈子会根据自身的条件具有很大的伸缩性，强大的微信圈子往往能够提供更多的支持。

微信圈子在延续现实社会圈子的基础上，又有新的特点，主要表现在如下方面：

首先，无论是社会圈子还是微信圈子，其成员都会通过一定的文化符号进行连接，如血缘、业缘和地缘关系等，所不同的是微信圈子的连接会更为广泛，更具有包容性。例如，在案例一中，有很多 GWT 的校友给她捐款，案例二中 ZYY 也有所在大学的校友进行捐款，甚至她高中的素未谋面的校友也参与其中。在微信圈子中，符号的作用会更为明显，人们会通过对特定符号的辨识来寻找认同感，例如，有些人尽管和 GWT、ZYY 素未谋面，但会因为共同具有"校友"这一身份而提供帮助。

其次，微信圈子的互惠性要弱于社会圈子。通过对上述案例的考察我们可以发现，帮助往往是单向的，捐款人并不要求受助者提供必要的回报，也几乎没有寻求回报的期待，甚至很多素不相识的人进行捐助后与求助者从此再无任何的交集。这是因为微信圈子中成员的互动性较弱，每个成员之间并不像在普通社会圈子中那样有着密切的关系网络。

再次，微信圈子对资源的控制性较社会圈子更低。相对于社会圈子，微信圈子中的资源共享更为频繁，这是因为网络空间内资源的公共性更为明显，而且微信圈子相较于现实社会圈子更为松散，成员之间的利益关联较低，更容易分享资源而非垄断。

最后，微信圈子往往缺乏中心人物。在《乡土中国》中，费孝通认为社会圈子是有中心人物的，这个中心人物的能力和资源往往影响这个圈子的规模和伸缩，他也会通过对资源的调配来维持这个圈子。但是对比网络空间，我们可以发现在微信圈子中很难找到这样一个中心人物，甚至在边界十分模糊的情况下，很难断定圈子内部的成员。例如我们观察上述三个案例，可以认为所有的捐助者和发起人共同组成了一个社会圈子，但是却不能在这个圈子中找到一个中心人物，最有可能成为这个中心人物的人就是项目的发起人，但是发起人并不能调配圈子内部的资源，不能确定圈子的边界，甚至对其中的大部分人都不认识。缺乏中心人物的圈子往往会带来一系列后果，比如圈子会十分松散，圈子内部资源的互助性会较弱等。

相较而言，微信圈子更多的是对现实社会圈子的补充，在一般情况下人们往往会先从自己的社会关系中比较亲密的一部分人寻求帮助，然后再求助于微信圈子，这也是几个案例的捐助者中几乎没有和发起人有着亲密关系的人的原因。但是，微信圈子具有更大的灵活性，圈子中的每一个人都可以把消息分享给自己所属的另一个圈子，这样分享的次数越多，潜在的支持者也会更多，聚沙成塔，这些支持者往往能发挥现实社会圈子难以发挥的作用。

（四）为何信任"陌生人"

在上述三个案例中，对于大多数支持者而言，发起人和被救助者都是陌生人，那么在一个个体化的网络空间内，人们为何会对网络终端的另一个人产生信任和支持呢？

在一个"熟人社会"中，人们对某人产生信任往往是基于社会对这个人的正面评价，这个评价可能是自己得出来的，也可能是有另外一个值得信任的人告知的，而且在熟人社会中一个人骗取他人信任的风险会很大，被发现之后往往会终生难以摆脱他人的负面印象，在社会中无法立足，而逃离社会的成本又很大，所以在熟人社会中信任较容易产生。

但是在网络空间内，每一个成员都是一个独立的符号化的个体，每个人都可以戴着面具参与到这个空间之中，而且，在这个空间中道德和法律的约束效力并不明显，那么信任是如何产生的呢？比较三个案例，我们可以认为，受支持数较多且筹款目标完成的项目，其被信任度较高，而支持数较少且筹款目标未完成的项目，其受信任度较低。

在三个案例中，GWT 和 ZYY 在案例介绍中有对自己社会角色的介绍，如

"北京某财经类院校 01 届财务管理专业""我是上海某财经院校的大四学生ZYY，目前保送至北京某著名综合性高校攻读硕士学位"等，同时她们有对受助者诊断治疗过程的详细描述以及相关的病理报告，同时她们还公布了身份证、学生证、医学出生证明等证件来证明消息及人员的可信性。而这些在 ZQS 的案例中都没有，有的只是对于病情的简单介绍，却没有相关的医学病理证明。这些差异是前两个案例能比第三个案例获取更多信任的重要原因。

我们可以将前两个案例多出来的因素分为两个部分：一部分是社会角色，即她们曾经或者现在的学生身份，尤其是重点大学的学生身份；在一个容易标签化的社会中，这一身份会给她们带来很多便利，获取更多的信任。另一部分是权威性的证明，如各种证件以及病理报告等，这些在现实社会中代表着权威或者身份，人们会认为她们获得了现实社会的认可，于是网络社会的成员也会更容易给予信任。

由此可见，网络社会中的信任来源于线下空间，无论是标签化的社会角色还是权威的证明，都是现实社会赋予的支持，而案例三的发起人并没有提供这些材料，所以他很难获取网络社会中与他在现实社会中没有产生过交集的人的信任。所以，仅凭借网络社会中的活动很难建立起广泛的信任关系，必须借助线下空间的力量才能建构广泛而有力的圈子。而在微信圈子中，有限的信任会成为阻碍朋友圈进一步扩展的力量，于是，如何在网络空间中建构广泛而稳定的信任关系，是个十分重要的问题。

（五）差序格局在网络空间的延伸

网络空间的社会关系脱胎于线下空间，只有建立在现实社会的基础之上，网络空间才有立足的根本。网络空间仍然存在差序格局，通过前文对于微信圈子的分析可以发现，在网络空间中人们同样以己为中心发展社会关系网络，并形成一个个具有伸缩性的圈子。但是，网络空间毕竟与线下空间不同，网络空间内的差序格局和传统意义上的差序格局也存在一定差异性。由于网络空间的匿名性和虚拟性等特征，网络圈子的结构更为脆弱，圈子的流动性较大，稳定性较差，以此为基础的网络空间的差序格局便也具有不确定性。

四、从众筹看微公益的前景

从目前的社会条件尤其是互联网的广泛影响来看，微公益仍然有着良好的发展前景，但是同时也存在一些问题，如何预见可能产生的问题并做好防范措施，是需要探索的方向。

（一）众筹的意义

众筹是一种有效的筹集资金的手段，鉴于本章主要关注的是公益慈善领域的众筹，我们主要分析众筹在这一领域的意义。

第一，众筹是一种有效地整合资源的方式。众筹出现之后，理论上每个人都可能成为发起人，每个人也都可能成为受助者或捐助者。广泛的信息受众群体，提高了求助者得到帮助的可能性，纵然每个人的捐助金额可能不多，但数量上的优势可能会弥补"质量"上的缺失。

第二，众筹使社会成员参与慈善活动的门槛降低。相比于传统的慈善事业，众筹使受助者和助人者之间的"距离"大为缩短。网络微公益使所有能够上网的人都成为潜在的公益参与者，公益不再遥不可及，而是近在咫尺，帮助一个人甚至就像发一条微信消息一样简单易行。慈善也不再是一项任务，网民可以根据个人情况有选择地为他人提供帮助，公益自主性大为增强。

第三，众筹有利于提高社会的公益慈善氛围。如前文提到，传统的公益慈善模式将很多人"拒绝"在慈善大门之外，社会成员的公益参与度并不高，即使参与了，也难以感受到成就感。而众筹让参与者真切地体会到自己的付出给他人所带来的帮助，有利于激发人们参与公益事业的热情，增强整个社会的慈善氛围。一个社会公益慈善氛围是否浓厚，是衡量一个社会发展程度的重要指标。众筹对传统的慈善模式是一种有益的补充，有利于推动公益慈善事业的整体发展，进而有利于化解社会问题、增进社会和谐。

（二）众筹的局限

当然，和很多新兴事物一样，众筹也有其局限性：

第一，社会圈子与网络圈子的限制问题。在网络空间中求助的个体往往是在现实社会圈子中难以找到足够帮助的人，也许个人在网络空间中通过网络圈子能够寻求到一定的帮助，但也可能因为现实社会圈子过于薄弱，其在网络空间中的圈子也难以扩展，从而无法得到足够和及时的帮助。对于这种情况要给予足够的重视，需要尽可能地拓宽这类人群的求助和受助渠道。

第二，"数字鸿沟"问题。虽然众筹相对简便易行，但还有很多群体接触不到互联网或无法使用互联网，而这些人可能恰恰是社会资源最为薄弱的群体。因此，在我们为众筹能够帮助到很多人而欣喜的同时，更应该关注那些处在"网络之外"但急需帮助的群体。

第三，网络信息的新闻效应问题。在网络空间中，往往是一些奇闻逸事才能吸引人的注意力，如灾难、丑闻等。就众筹的求助项目来说，可能越痛苦、越悲惨的案例，才越可能得到关注和帮助。因此，网络信息传播可能存在一个筛选过程，让那些情况不那么痛苦和悲惨的案例被忽略掉，使当事者无法及时得到应有的帮助。

第四，"公益"还是"私益"的问题。众所周知，众筹依赖于网络圈子，而个人网络圈子的很大一部分也是其私人圈子，这使得微公益可能在很大程度上依然是一种"私人的帮助"或"自私的慈善"，而不是"公益事业"，因此，网络微公益如何突破私人圈子而具有更多的公益效应，是值得关注和探讨的重要问题。

五、结语

相比于传统的慈善活动，众筹拥有重要优势。众筹在网络平台上获取受助者信息，在网络平台上进行捐助，然后仍然通过网络平台关注善款的使用以及受助者的状况，整个过程不需要太多的时间和精力，也不需要特别的专业知识。更重要的是，捐助者具有了一定主动权，同时也会通过自己的付出获得较为直接的满足感。救助对象不再是一个冷冰冰的数字或者简单的病理报告，参与者可以通过众筹平台的描述选择自己要帮助的对象，跟踪救助对象的实际情况，真正参与到公益活动中。这些优势对于社会个体的救助以及社会慈善氛围的培养，都具有重要意义。

　　借助网络平台开展的公益慈善项目，在筹款效果上往往存在较大差异。对"轻松筹"平台三个众筹案例的分析发现，微信圈子来源于现实社会圈子，个体现实社会圈子的规模、资源禀赋和构成方式作用于微信圈子，进而导致基于微信圈子的众筹在效果上存在较大差异。在网络空间之内仍然存在着社会关系的差序格局，脱胎于现实社会的网络空间仍然延续了现实社会结构的特点。

　　微信圈子更多的是现实社会圈子的延伸，我们可以将其看作社会圈子在网络领域的扩展。正是社会圈子的伸缩性，使以众筹方式开展的网络慈善能够取得成功。但是这种延伸出去的圈子的结构并不稳定，与现实社会圈子相比，其互动性和互助性均较弱，其中的很多人可能终生只有一次交集，不过，在一定程度上圈子成员数量的优势会弥补互助质量的不足。换个角度看，也许正是网络空间中"偶尔的交集"，才是微公益的力量之源。

　　以微公益为代表的网络慈善兴起的时间并不长，尽管我们根据目前的情况可以判断它的发展趋势较好，但这种结论仍然需要时间的检验。微公益在发展过程中也存在一些问题或限制，希望参与微公益的机构和个人能够在问题发生之前有所预防，在问题发生之后有效地解决，以使微公益与传统的公益慈善模式互相补充，进而推动我国慈善事业的不断发展。

第十章

转型期中国网络社会治理

一、引言

中国社会学家常常把 1978 年改革开放以来的社会变迁称为"社会转型"或"社会结构转型"。如有学者认为，"中国的社会结构正在由农业社会向工业社会转型，从乡村社会向城镇社会转型，从封闭社会向开放社会转型，从同质的单一性社会向异质的多样性社会转型，从伦理性社会向法制性社会转型"。① 还有学者指出，"（社会）转型的主体是社会结构，转型的标志是：中国社会正在从自给半自给的产品经济社会向有计划的商品经济社会转型；从农业社会向工业社会转型；从乡村社会向城镇社会转型，从封闭半封闭社会向开放社会转型；等等"。② 而国外学者则以"市场转型与社会分层"为概念工具探究国家社会主义经济从再分配向市场的变迁③。

上述对社会转型的理解从总体上指出了市场化改革给中国社会带来的巨大变迁，不过，需要注意和思考的是，对社会转型的最初讨论往往是通过改革前后的对比做出的，尤其是用一些二分概念凸显改革前后的经济与社会差别，如"计划体制"与"市场体制"、"封闭社会"与"开放社会"、"乡村社会"与

---

① 叶南客：《边际人——大过渡时代的转型人格》，上海人民出版社 1996 年版，第 2 页。

② 李培林：《另一只看不见的手：社会结构转型》，《中国社会科学》1992 年第 5 期。

③ Nee, Victor. "A Theory of Market Transition: From Redistribution to Markets in State Socialism". *American Sociological Review*, 1989, 54: 663 – 681.

"城镇社会"等。实际上，在改革开放近 40 年的过程中，不同时期的社会背景与主要问题具有一定差异性，表现为原有的社会转型议题往往与新出现的社会条件相结合，进而对经济发展与社会建设提出新的任务或带来新的影响。例如，2001 年中国加入世界贸易组织（WTO），逐渐融入全球经济体系中，同时，中国的互联网也逐渐发展起来并日益与经济和社会发展相结合。

进入 21 世纪的第二个十年之后，中国互联网进入快速发展的时期。互联网不仅影响了亿万中国网民的学习、工作和生活，还在社会治理上发挥日益重要的作用，民众需求的回应、舆论信息的引导、社会问题的解决等，往往需要借助互联网平台来进行。可以说，网络社会的兴起使中国社会转型进入新的阶段。我们姑且将新时期面向"网络社会"的治理称为"网络社会治理"，下文拟结合中国社会转型与互联网兴起交互影响的背景，讨论网络社会治理的双重内涵与主要议题，以期为关于社会治理问题的讨论提供一些参考。

二、互联网与社会转型的新阶段

时至今日，认识中国的社会转型已无法离开互联网的发展而讨论之。如果从 20 世纪 90 年代初算起，中国互联网的发展已走过了 20 余年的历程；进入 21 世纪尤其是新世纪第二个十年后，互联网的发展日益迅速，并对人们工作、生活、教育、休闲、娱乐等产生日益广泛的影响。根据前引中国互联网络信息中心发布的数据，截至 2016 年 12 月，中国网民规模达 7.31 亿，相当于欧洲人口总量，互联网普及率为 53.2%，超过全球平均水平 3.1 个百分点，超过亚洲平均水平 7.6 个百分点。互联网的兴起为中国经济发展带来了新的机遇，虽然第一、第二、第三次产业革命主要是西方国家引领的，但在互联网科技的发展上中国及时跟进，处在与西方国家同步发展的局面，甚至在某些应用领域已经领先于世界。2015 年 3 月 5 日，国务院总理李克强在第十二届全国人民代表大会第三次会议上作政府工作报告，提出了制定"互联网＋"行动计划，将发展互联网上升到国家战略层面。

互联网的兴起为中国经济与社会发展带来了新的机遇，同时也带来了挑战。

网络社会对传统社会治理带来多方面冲击，如经济、社会多元化导致监管困难；经济、社会系统的脆弱性增大；侵犯个人权利的网络犯罪频发；一些网络舆论往往难以预料和进行有效治理；信息权力的增加对传统自上而下的权力结构带来挑战；互联网的便捷性和隐秘性使政府原有的社会动员能力被分散和转移；负面社会情绪可能通过网络信息而传染和蔓延；网络民意的变动性和复杂性使网络监管难以找到平衡点；等等。

这些问题的存在表明，网络社会绝不仅仅是互联网技术发展的体现，而是带来了一系列实实在在的新变化。有些社会问题是"线上空间"问题（如散播网络谣言），有些是"线下空间"问题的网络呈现（如网上举报贪腐行为），而且二者相互交织，一些民众的线下遭遇往往通过互联网表达和传播开来。所以，网络社会至少包括互联网的社会影响、社会问题的网络呈现以及"线上空间"与"线下空间"的复杂互动三个方面。有的观点把网络社会治理理解为对互联网信息环境的治理，如治理网络犯罪、打击网络谣言、维护网络安全等。[1] 在我看来，这种理解虽然有道理，但对"网络社会"的理解过于狭窄，没有充分认识互联网兴起所推动的社会现实的新变化，如缺场交往的快速扩展（如远程视频、在线办公、网络留言与回复等）、传递经验的地位提升（跨时空的信息传播与扩展）、社会认同的力量彰显（跨越地域、身份等因素而主要基于网络社区或事件的认同）等[2]。

从社会学的角度看，互联网发展与社会转型过程的重要关联体现在，中国在经济经历了高增长之后社会问题也逐渐表露，如区域发展不平衡、社会贫富差距扩大、政府的"稳定要求"与民众的"利益诉求"的矛盾等，这些问题随着互联网的发展而变得更加"锐利"，因为在互联网日益发达的条件下，民众了解社会问题、发表个人意见、表达利益诉求等变得较为便利迅捷。同时，政府和社会管理部门需要通过互联网了解社情民意，互联网既是了解民意的渠道，也是沟通民意、回应民意和化解问题的渠道；不过，互联网信息多元复杂、传

---

① 程琳：《加强网络社会治理　创建文明网络环境》，《中国人民公安大学学报》2014 年第 3 期。

② 刘少杰：《网络化时代的社会结构变迁》，《学术月刊》2012 年第 10 期。

播迅速、影响面广，给信息识别、问题确认和治理带来了一定困难，这是社会管理部门无法回避的现实问题。因此，在互联网迅速发展的社会转型新时期，政府需要因势利导、转变职能，探索网络社会治理的路径和可能性。

网络社会治理以新时期"创新社会治理体制"的理念为思想基础。2013年党的十八届三中全会提出"创新社会治理体制"的理念，虽然"治理"与过去人们所熟悉的"管理"只有一字之差，却蕴含着重要的转变，强调政府在发挥主导作用的同时鼓励社会各方面参与。根据前引中国互联网络信息中心发布的数据，截至2016年12月，我国包括支付宝/微信城市服务，政府微信公众号、网站、微博、手机端应用等在内的在线政务服务用户规模达到2.39亿，占总体网民的32.7%。互联网政务服务各平台的互联互通及服务内容细化，大幅提升政务服务智慧化水平，提高用户生活幸福感和满意度。各级政府及机构加快"两微一端"线上布局，推动互联网政务信息公开向移动、即时、透明的方向发展。这些数字鲜明地体现了互联网与创新社会治理体制的结合。

在世界互联网交流日益频繁的背景下，网络社会治理也成为国际性话题。例如，2014年11月19日首届世界互联网大会在中国乌镇召开，在大会"互联网与政府公共服务创新"分论坛上，一些与会人士认为，互联网的繁荣发展使得政府所提供的公共服务手段更加多样、内容更加丰富，公众所获得的公共服务实效更强、质量更优，大大拓展了公众参与政府治理的渠道①。

三、网络社会治理的双重内涵

网络社会治理主要是就两个方面而言的：一是不同于"政府垄断社会管理"的"社会治理"，即面向"社会"和具有广泛社会参与的治理。如有论者指出，在新型社会体制建立的过程中，需要适应社会治理主体多元化的现实要求，从政府垄断社会管理转变为与其他社会治理力量合作治理②。二是并非一般意义

---

① 刘少杰：《网络化时代的社会结构变迁》，《学术月刊》2012年第10期。
② 张康之：《论主体多元化条件下的社会治理》，《中国人民大学学报》2014年第2期。

上的"社会治理",而是基于网络社会兴起的宏观背景所开展的社会治理。在这个意义上,"网络社会"意味着一种新型社会结构,具有不同于传统的农业社会结构、工业社会结构的新特点,如前文提及的缺场交往的快速扩展、传递经验的地位提升、社会认同的力量彰显等。概而言之,"互联网"与"社会"是理解网络社会治理的两个关键词。

要理解网络社会治理的内涵,首先需要说明何为"社会治理",我们可以结合中国社会变迁的背景简要理解之。在新中国成立之后的较长时期内,我国政府扮演着全能型的公共管理者角色。新中国的成立不仅仅具有政治意义,还具有社会意义。在政治的意义上是建立新的国家机构、实施新的执政纲领、逐步建立社会主义制度;在社会的意义上是重建社会秩序、重塑社会风尚、建立新的社会体制。作为刚刚从战火中崛起的新中国,社会的政治、经济、社会秩序亟待建立,在这种条件下,社会体制、政治体制和经济体制高度统一,发挥党和国家强有力的管理能力成为社会建设的显著特点。

社会体制与政治体制和经济体制高度统一的管理模式,在特定的条件下起到快速的资源与社会动员、建构稳定的社会秩序的作用。随着改革开放的深入和社会主义市场经济的发展,这种角色已经无法适应经济领域的细化、社会力量的释放、社会关系复杂多变等快速变化的社会现实的需要,构建适合我国国情的政府主导的,政府、市场、社会三维框架下的多中心治理模式,成为社会发展的必然选择。相对于传统的全能型政府管理,社会治理更加强调政府与市场、社会力量相结合进行治理,其治理的任务不仅是政治意义上的"管制",还包含更多的"合作"意涵。

由于互联网带来一系列新的社会变化,社会治理的方式、手段、效果等也逐渐发生相应改变,并进一步推动了网络社会治理的兴起。本章所言的"网络社会治理"概念,强调在传统的政府管理向现代的社会治理转变的过程中,互联网因素发挥越来越大的作用,使得社会治理无论是在时代背景、面对的问题还是在技术手段上,都与互联网存在千丝万缕的联系。不过,对网络社会治理而言,互联网绝不仅仅是一种手段,网络社会也不是自成一体的"虚拟社会",毋宁说,"网络社会"最本质的意涵是"线上空间"与"线下空间"的互动交织使社会具有了新的特点,这是网络社会治理面对的基本社会事实。

在"线上空间"与"线下空间"互动交织的意义上，可将网络社会治理分为两个方面：一是"对网络社会的治理"，体现为对网络社会新现实提出不同于以往的治理方式，例如公共管理部门针对重要的网络社会事件进行信息公开和舆论引导；二是"通过网络的社会治理"，是以互联网为手段、平台或途径，克服传统的信息传递低效和难以反馈的问题，例如"政务微博"在沟通政府和民众上所扮演的角色。本章认为，互联网主要是网络社会的技术条件，而网络社会则同时包括基于电脑与互联网技术的"网络空间"（cyber space）和传统意义上的现实空间。因此，对网络社会治理的理解需兼顾上述两个方面，而不是仅仅将其理解为"通过网络的社会治理"，那样可能存在将问题简化的危险，如将网络谣言仅仅看作互联网信息传播的问题，而忽视其现实根源与互联网的互动。

综合上述两个方面，本章理解的"网络社会治理"主要是政府、社会组织以及民众等主体面向"线上空间"与"线下空间"互动交织的网络社会所开展的，以传达公共信息、化解社会问题、凝聚社会共识、建构社会秩序等为目的社会治理。网络社会治理将政府管理、社会治理与网络社会结合起来，是互联网兴起背景下的一种新的社会治理形式。就此而言，治理的主体是多元的，既包括居于主导地位的政府，也包括企业、社会组织和普通民众等；网络社会既是社会治理的对象，也为社会治理提供了平台和手段。网络社会治理不同于一般意义上的社会治理的主要特点是，其所面对的是"线上空间"与"线下空间"互动交织的社会现实。

四、网络社会治理的主要议题

中国网络社会的复杂性决定了网络社会治理的议题也是多元复杂的。网络社会的复杂性体现在诸多方面，例如"人人都是自媒体"，信息来源、传播途径多元，网络舆论具有即时性、传染性和难以监控等特点；线下空间的意见与利益表达会通过线上空间表现出来，近些年一些贪腐事件就是通过互联网被揭发检举的①；政府与民众的互动通过网络信息更加频繁，同时信息多元驳杂也为信息治理带来挑战；互联网的跨地域性和"去身份化"特征激发了民间的社会动员力量，如邓飞推动的"免费午餐"项目②；各种思想、文化、观点混杂在一起，使得网络空间始终具有"众声喧哗"的特点。

基于此，本章侧重于从社会学的角度，将网络社会治理的主要议题概括为五个方面，即传播公共信息和引导社会舆论、监督公共权力、促进政民互动、动员社会力量、营造社会共识。下文分而述之。

网络社会治理的基本方面是传播公共信息、引导社会舆论。随着互联网传播技术的发展，民众参与公共信息传播的通道变得日益畅通。与传统社会中公共信息的传播方式比较，基于网络传播的公共信息，在开放性、主体范围和反馈体系等方面都呈现出新的变化，表现为公共性、公益性、主体广泛性、内容多元化、交互性等特点。网络公共信息作为互联网信息资源的一种特殊类型，受众广泛、影响面广，有的一经传播便能吸引众多网民的目光，带来广泛的社会影响。一些重大社会事件往往是通过互联网传播而在短时间内被热议，进而成为公共信息的。对于重大的网络社会事件，政府、媒体、相关单位有责任公正公开地传播信息，既保证信息的真实性，又要及时回应民众的质疑，尤其是当民众出现误解时，及时澄清谣言和虚假信息。在互联网时代，及时合理地传播公共信息，能够起到引导社会舆论、化解社会误解、维持社会秩序的作用。

在监督公共权力方面网络社会治理也大有可为。党的十八大召开后不久，中共中央总书记习近平强调，"要把权力关进制度的笼子里"，既坚决查处领导干部违纪违法案件，又切实解决发生在群众身边的不正之风和腐败问题。十八届中央纪委第二次全体会议公报说，将全面推进惩治和预防腐败体系建设，保持惩治腐败高压态势，坚持有案必查、有腐必惩，严肃查办发生在领导机关和领导干部中滥用职权、玩忽职守、贪污贿赂、腐化堕落案件。在反腐过程中，

① 例如"雷政富事件"，参见刘胜枝、王画：《非常规突发事件中微博舆论的"蝴蝶效应"——以"雷政富不雅视频事件"为例》，《北京邮电大学学报》（社会科学版）2014年第3期。

② 参见刘秀秀：《网络动员中的国家与社会——以"免费午餐"为例》，《江海学刊》2013年第2期。

网络反腐成为反腐的新形式。可以说，网络社会的兴起、社会问题的滋生与民众利益诉求的高涨，使网络反腐登上历史舞台，在新时期的反腐行动中扮演重要角色，很多腐败案件最初都是通过互联网曝光进而迅速传播开来的。网络反腐鲜明地体现出网络社会之"线下空间"与"线上空间"交互影响的特点。

促进政民互动也是网络社会治理的重要方面和发展方向。互联网是党和政府了解民情、听取民声、体察民意、汇聚民智的重要平台。如何实现与网民的深层次互动，也成为摆在各级政府面前的一个现实问题。在一定程度上，网络问政可以利用互联网收集社情民意，及时把握全局性、苗头性、倾向性问题，成为联系群众、反映群众意见和诉求的重要渠道。互联网作为政府与民众交流的重要媒介，有助于推进政府执政为民、改进工作作风，也有助于政府职能实现从"管理型政府"到"服务型政府"的转变。互联网推动了政府职能转变，使得政府部门能够更积极合理地利用互联网技术手段，提高社会治理的实效。在这个意义上，社会治理创新是与服务型政府建设联系在一起的，既要通过服务型政府建设创新社会治理，也要在社会治理创新中促进服务型政府建设①。

网络化时代的到来为社会动员注入了新的力量。在互联网的推动下，网络动员产生了超越以往社会动员的强大效果，公众的信息权力和网络意见领袖的话语权力不再"虚拟"，而是产生了实实在在的影响力。来自草根的"微力量"和"微资源"在网络动员中凝聚成举足轻重的强大能量，使得基层社会力量引领政府行动成为可能。网络动员带来的巨大力量给传统的政府治理带来了挑战，同时也提供了机遇，如果合理利用互联网资源，能够将传统的政治动员与社会动员有效结合起来，集合多方力量兴办社会事业。所以，政府应当重新定位自身的治理角色，实现政府与社会全体成员的合作与共治②。

网络社会治理的重要议题和挑战是营造社会共识。一般而言，社会共识是社会成员以较为稳定的价值观念和文化习俗为基础形成对社会事物大体一致的看法，它是促进社会团结、维持社会秩序的必要条件。对转型期的中国社会而

---

① 张康之：《论主体多元化条件下的社会治理》，《中国人民大学学报》2014 年第 2 期。
② 宋辰婷、刘少杰：《网络动员：传统政府管理模式面临的挑战》，《社会科学研究》2014年第 5 期。

言，利益分化、信息驳杂、价值观念多元化给社会共识的形成增加了难度。在网络空间中，往往表达意见者多，而凝聚共识者少；制造网络喧哗者众，而认真倾听者少。在这种背景下，营造社会共识显得非常重要，可以为社会建设和社会和谐奠定"软基础"。需要说明的是，社会共识的营造不只是观念层面的问题，而是受社会条件的影响。由于社会各阶层、各个团体甚至每个人对于自身的利益都有一定的诉求，只有维持相对的利益均衡才能够真正达成可持续的社会共识。如果利益群体间以"互利共赢"的思维方式来进行彼此之间的经济、政治、文化等活动，往往会比较容易达成社会共识。因此，调整社会利益结构是营造社会共识的重要基础，因此需要建立若干机制，如信息获取机制、利益凝聚机制、诉求表达机制、施加压力机制、利益协商机制等①。总而言之，在社会的各个领域建立并完善切实可行和公正合理的制度，是营造可持续的社会共识的必要条件。

五、网络社会治理的基本原则

网络社会治理的有效开展，需立足于网络社会的新特点，依循一些基本原则。首先是知网识网原则，即认识和遵循网络社会所具有的特点和规律。当前一种较有代表性的观点认为，网络社会与传统社会②在本质上没有区别，因此只需要针对网络空间进行严格管制和实名制等手段就可以实现有效治理，这种观点实际上没有认识到网络社会的独特性，仍然将网络社会治理理解为对互联网环境的治理。与传统社会相比，网络社会至少具有以下特点：信息与内容多元复杂、信息发布的隐蔽性、网络传播的跨时空性、信息的流动性与动态性、社会舆论的传染性、信息权力的崛起、"线上空间"与"线下空间"复杂互动，等等。了解这些特点，认识到网络社会的复杂性，是网络社会治理的认知基础。

---

① 清华大学社会学系社会发展研究课题组：《"维稳"新思路：利益表达制度化，实现长治久安》，《南方周末》2010 年 4 月 15 日。
② 这里姑且将"传统社会"理解为互联网尚未兴起的社会。

其次是依法治网原则。网络空间的开放性，使得它比传统意义上的现实世界更容易出现失序问题。例如，网络平台上的淫秽色情、网络诈骗、造谣诽谤等信息，不仅干扰了"线上空间"的秩序，也对人们的"线下空间"带来不良影响。除了网民的道德自律之外，法律是网络社会治理和约束网络行为的基本原则。2012年12月28日，十一届全国人大常委会第三十次会议审议通过了《关于加强网络信息保护的决定》，内容涉及保护网民信息和隐私权、全面推行实名制、删除违法言论等内容。如果没有清晰的法律界定，则会陷入两种可能：要么管制的努力流于形式；要么由于缺乏明确的行为界限而使正常的网络言行受到干扰。网络社会的有效治理，在根本上需要形成对网络社会基本规范的认同，并在此基础上形成约束网络行为的制度体系。由于互联网的不断发展和网络社会的复杂性，网络社会的法律与规范的形成，将是一个长期探索和逐渐改进的过程。

再次是协同共治原则。网络社会的诸多特点使得网络社会的治理必须要改变传统的管制思想，采用协同共治的原则，这也是网络社会治理的基本要义。所谓协同共治，就是网络社会的治理并不是由政府通过单向管制的方式提供公共秩序，而是由于社会中的各类主体，如政府、社会组织、企业、民众，共同在基本的网络社会准则下通过互动而实现公共秩序的供给。在国家与社会之关系的意义上，国家治理体系和治理能力现代化，就是要使政府、社会组织、民众等在国家事务管理、社会公共事务管理上协同共治。

最后是全民治理原则。互联网的迅速发展，使人们开始由私人空间迈向广阔的公共空间，人与人之间搭建起了广阔的交流平台，对政府政策、社会问题、热点事件发表看法。在网络平台上，沟通的自由性、交互性、主体的广泛性和平等性，使公众的意见和社会公意的表达有了现实的可能。与协同共治相一致，网络社会治理在很大程度上需要全民治理，也就是说，所有网民都是网络社会治理的主体，其一言一行都在潜移默化地影响网络社会秩序。网络社会治理需要使人人都在网络社会的规范下，对自己的言行负责，并积极参与到网络社会秩序的维护和网络社会的有效治理中来。

六、结语

本章使用的"网络社会"概念强调在"线上空间"与"线下空间"互动交织的意义上理解网络化条件下社会转型的新特点和新问题。我们对网络社会治理的讨论，无意于夸大其与一般社会治理的不同，而重在指出网络社会的特点使得我们需要更新理念、转换视角，应对社会建设中的诸多新问题。网络社会治理强调治理主体多元，但这不意味着各主体力量与责任的绝对平均；网络社会治理的效果不在于各种力量的强弱划分，而在于形成良性的对话和互动渠道；网络社会治理强调多方力量的参与，但它不是无所不包的，传统意义上社会治理议题仍然存在并具有重要意义。

在未来较长的时间内，中国网络社会治理将存在三个重要趋势：

首先，政府在网络社会治理上扮演主导角色。在社会治理上，中国政府面临不同于西方国家的复杂情况，主要体现为中国政府治理的是一个具有超大规模的人口总量和地域范围的社会，不平衡性和巨大差异性是中国社会发展的显著特点，它为社会整合、政治稳定、社会利益调节等都带来了挑战；多元的文化观念（如传统的与现代的、东方的与西方的、保守的与激进的）杂然并存，对网络社会治理提出了更高的要求。因此，政府的主导地位仍将持续，不过"主导"不等于事无巨细地"包办"或"管制"，而重在总体上的领导和引导。

其次，政府与民众的频繁互动将长期持续。网络社会舆论将持续对国家的社会治理产生影响，政府也将不断回应社会舆论的动向。就中国社会而言，政府与民众通过互联网产生了频繁的互动，中央和地方各级政府部门都高度重视网络交流，通过政务微博、微信公众号、移动政务 APP 等了解民意、体察民情，及时识别和化解社会问题。尽管不是所有问题都能通过互联网解决，但如果脱离互联网则会存在脱离现实的危险。

最后，网络社会治理将是多方社会力量共同参与的实践过程。在互联网发展较为成熟的时期，其进入门槛日益降低，社会各阶层的民众都能通过互联网了解社会现实、表达个人意见、参与公共生活。无论政府、企业、学校、社会组织还是个人，都在网络活动中直接或间接地发生关联。网络社会是一个各行为主体之间权力上下互动、资源相互依赖、利益彼此共存的关系体。从长远来看，网络社会的各参与主体如何在信息、资源的共享和相互依赖上进行互动合作，将影响网络社会治理的走向和成效。

第十一章

互联网经济的社会维度

一、引言

首先，我们通过三个重要会议了解互联网在中国经济发展中的重要地位，以及政府对发展互联网的高度重视。2014 年 11 月 19 日至 21 日，第一届世界互联网大会（World Internet Conference）在乌镇举行，近 100 个国家和地区的 1000 多名网络精英齐聚乌镇①。这是中国首次举办的规模最大、层次最高的互联网大会，也是世界互联网领域一次盛况空前的高峰会议。世界互联网大会旨在搭建中国与世界互联互通的国际平台和国际互联网共享共治的中国平台，让各国在争议中求共识、在共识中谋合作、在合作中创共赢。

在第一届世界互联网大会上，国务院副总理马凯发表致辞，表示我国将更好利用互联网，加强和改进教育、医疗、交通、卫生等公共服务，为人民群众提供生活便利，切实保障和改善民生。马凯指出，中国政府高度重视互联网的发展，创新推进互联网发展的中国实践，制定国家信息化发展战略，实施"宽带中国"战略，部署发展第三代、第四代移动通信，在全国推行"三网融合"，积极发展物联网、大数据、云计算，加快推动电子商务、电子政务、智慧城市等互联网应用，大力促进信息消费等。

第二个重要会议是，2015 年 3 月 5 日，第十二届全国人民代表大会第三次

---

① 乌镇被确定为世界互联网大会的永久会址，每年举办一次。

会议在北京人民大会堂开幕。国务院总理李克强作政府工作报告，提出了制订"互联网+"行动计划。李克强提出："制订'互联网+'行动计划，推动移动互联网、云计算、大数据、物联网等与现代制造业结合，促进电子商务、工业互联网和互联网金融健康发展，引导互联网企业拓展国际市场。"① 互联网发展战略，是一个涉及多个经济领域并事关社会经济总体发展的重要战略。

2015年12月16日至18日，第二届世界互联网大会举行，主题是"互联互通·共享共治——共建网络空间命运共同体"。在大会开幕式上，中国国家主席习近平发表主旨讲话。讲话指出，以互联网为代表的信息技术日新月异，引领了社会生产的新变革，创造了人类生活的新空间，拓展了国家治理的新领域，极大提高了人类认识世界、改造世界的能力。中国高度重视互联网发展，按照积极利用、科学发展、依法管理、确保安全的思路，加强信息基础设施建设，发展网络经济，推进信息惠民。习近平指出，中国愿意同各国加强合作，通过发展跨境电子商务、建设信息经济示范区等，促进世界范围内投资和贸易发展，推动全球数字经济发展②。

中国发起并主办世界互联网大会，而且国家领导人亲自与会并发表重要讲话，体现了党和国家对发展互联网的高度重视。互联网对中国社会乃至世界的意义，已不是传统意义上的媒介联系以及虚拟空间的兴起，而是体现了互联网在推进世界经济发展以及社会治理上的重要意义。

从经济与社会之关系的视角看，经济发展是社会发展的重要基础，但经济发展不是凭空而起的，也需要一定的社会基础和条件，甚至从长远来看，社会条件是经济发展的根本保证；同时，经济发展也会产生社会影响，需要从社会生活的角度进行理解和评价。互联网经济的兴起是新时期我国乃至世界经济发展的新形态，需要我们从社会的或社会学的角度给予关注。本章主要从互联网经济兴起的背景、社会基础、对社会发展的影响等方面，分析互联网经济与社会因素的关联。

---

① 李克强：《政府工作报告——2015年3月5日在第十二届全国人民代表大会第三次会议上》，人民出版社2015年版。

② 习近平：《共同构建网络空间命运共同体》，《新华每日电讯》2015年12月17日。

二、互联网经济兴起的背景

互联网经济的兴起，是科学技术发展到一定阶段的产物，也代表了人类文明发展的一个新时期。对中国社会而言，互联网经济的兴起，既有世界科学发展、全球化潮流等因素的推动，也和中国社会发展阶段、社会结构等因素密切相连。

（一）科技发展的新时代

20 世纪 80 年代，美国著名未来学家阿尔温·托夫勒在《第三次浪潮》中提出一个有冲击力的观点：农业文明是人类经历的第一次文明浪潮，工业文明是人类经历的第二次文明浪潮，而在当时已初现端倪的以信息技术和生物技术为代表的新技术革命，是人类正在经历的第三次文明浪潮。① 当然，三次浪潮并不完全是前后延续的连续性过程，而是可能同时存在，只是某次浪潮所占有的主导性地位在不同国家或地区表现不同而已。

托夫勒所描述的未来社会，是一个以非群体化为特征，生产领域和社会领域、政治领域相互影响的社会。托夫勒认为，第二次浪潮的法则是标准化、专业化、集权化、同步化等。工业文明对应的是传播领域的群体化，政治领域的集权化，经济领域的市场化，以及思想领域的直线型时空观、两性分离等。而第三次浪潮的到来，使生产者和消费者合一，成为"产消者"，社会的各个领域出现了相应的变化：能源领域向可再生的生物能源转变，传播领域出现了非群体化倾向，政治领域跨国公司将取代民族国家成为政治的基本单位，家庭将成为电子式的家庭。此外，教育、社会观念、组织也将发生相应的变化。

根据托夫勒的观点，互联网技术的兴起，属于第三次文明浪潮。与生物技术等新技术相比，互联网技术的独特之处在于，它把大量的"线下"（offline）行为变成"线上"（online）活动，极大地提高了社会交往与交流的便捷性和效率。在这样的背景下，在互联网经济时代，经济主体的生产、分配、交换、消

---

① 参见［美］阿尔温·托夫勒：《第三次浪潮》，朱志焱等译，生活·读书·新知三联书店 1984 年版。

费等经济活动，以及金融机构和政府职能部门等主体的经济行为，都越来越多地依赖于互联网，不仅要从网络上获取大量经济信息，依靠网络进行预测和决策，而且许多交易行为也直接在网络上进行。

互联网经济的蓬勃开展，鲜明地体现出信息获得和传递的意义。也就是说，如果没有信息获得、传播和反馈的便捷渠道，以及信息交换成本的大幅度降低，互联网经济的发展是不可能的。互联网尤其移动互联网，打破了工作、生活、生产、消费的边界，使社会各领域互动连接的距离大大缩短，缩减了交易成本和交往成本。因此，互联网经济的兴起，实际上是以互联网引发的社会交往方式和生活方式的变化为基础的，并进一步推动了这种变化。

（二）我国产业结构存在的问题

互联网经济尤其是"互联网＋"战略，是在我国产业结构现状的基础上提出和推进的。现有产业结构存在的问题，从反向上为互联网经济的发展提供了契机和方向。已有产业结构存在的问题主要表现为如下四个方面：

首先，三次产业存在结构不平衡问题。在三次产业中，第二产业比重偏高，第三产业发展不足。目前，我国处在工业化中后期阶段，经济发展仍以第二产业为主。改革开放以来，我国第二产业比例保持在40%以上，工业在三次产业中所占比例保持在37%以上，远高于世界中等收入国家水平。制造业比重达到56.5%，而发达国家比重为25%－35%；零售批发贸易与其他服务业比重偏低，分别相当于发达国家的1/2和1/5。2013年我国三次产业结构中，第三产业比重首次超过第二产业，但与世界其他中等收入国家相比，发展仍显不足。世界银行公布的数据显示，中等收入国家第一、第二、第三产业比重分别为12%、38%、50%①。

第二产业中轻重工业比例不合理。轻工业比重由1978年43.1%下降到2008年28.7%，此后一直保持在28%左右；重工业由56.9%增加到71.3%，此后一直保持72%左右。在工业中占比重较大的行业，其碳排放系数也较高，属于高污染、高排放行业。我国现代服务业发展较快但比重偏低，生产性服务业，如交通运输、仓储和邮政业、批发和零售业、金融业所占比重较低。交通运输、

---

① 参见赵立昌：《互联网经济与我国产业转型升级》，《当代经济管理》2015年第12期。

仓储和邮政业由 1978 年的 20.9% 下降到 2011 年的 10.7%；批发和零售业由 27.8% 下降到 21.2%；金融业由 7.8% 增加至 12.2%，改革开放 30 多年来，仅增长 4.4 个百分点①。三次产业间、三次产业内部各行业的不合理发展，致使我国产业结构整体发展缓慢。

其次，传统制造业存在产能过剩问题。《国务院关于化解产能严重过剩矛盾的指导意见》（国发〔2013〕41 号）指出，我国部分产业供过于求矛盾日益凸显，传统制造业产能普遍过剩，特别是钢铁、水泥、电解铝等高消耗、高排放行业尤为突出。2012 年底，我国钢铁、水泥、电解铝、平板玻璃、船舶产能利用率分别仅为 72%、73.7%、71.9%、73.1% 和 75%，明显低于国际通常水平。钢铁、电解铝、船舶等行业利润大幅下滑，企业普遍经营困难。而且，产能严重过剩行业仍有一批在建、拟建项目，产能过剩或有加剧的趋势。如果缺乏有效及时的调整措施，势必会加剧市场恶性竞争，造成行业亏损面扩大、企业职工失业、银行不良资产增加、能源资源瓶颈加剧、生态环境恶化等问题，直接危及产业健康发展，甚至影响到整个国计民生的大局。

再次，制造业面临产业价值链的低端处境及产业安全问题。众所周知，我国制造业长期以来被锁定在价值链低端的加工制造环节，产业链较短，以劳动密集型、资本密集型和技术密集型的低附加值、低技术含量环节为主。我国垂直化程度最高的四个制造业是：办公用品及计算机制造业；无线电、电视、通信设备制造业；电气机械及设备制造业；医学、光学精密仪器制造业。1995 年，这四个行业垂直专业化程度均为 0.2，2005 年分别增加至 0.5、0.4、0.3、0.3，增长不明显，且相对国外水平仍然偏低②。这表明我国制造业产业链高度不完整，产业发展对中间产品进口依赖加大，导致我国产业结构由于技术瓶颈的制约而被锁定在低端状态，存在关键产品受制于人的产业安全问题。

最后，自主创新能力弱，制造业水平低，产业核心竞争力不强。有研究指出，2005 年我国自主产业生产率水平只有 20%，且 99% 以上企业没有自主核心技术；高新技术产业增加值在国民生产总值中的比重不到 15%，在制造业中的

---

① 参见赵立昌：《互联网经济与我国产业转型升级》，《当代经济管理》2015 年第 12 期。
② 徐建伟：《当前我国产业结构升级的外部影响及对策》，《经济纵横》2014 年第 6 期。

比重不到 20% ①。我国高技术产品出口额呈上升趋势，且占制成品出口比重高于世界平均水平，但这些高技术产品更多是由跨国公司在华企业生产和出口，而不是由我国企业自主创新所带来的。

（三）"三次浪潮"并存的社会结构

中国社会正处于托夫勒所言的"三次浪潮"并存的局面。具体地说，在北京的中关村及全国许多大城市中的"高新技术开发区""科技软件园区"以及充斥街头巷尾的"网络""基因""软件"等术语，代表着第三次文明浪潮的特征。这里有令人眼花缭乱的街头广告、衣着花哨的"新新人类"、琳琅满目的时尚商品、良莠不齐的摇滚乐以及"九十秒钟新闻，中间插入 30 秒钟广告，半首歌曲，一个大字标题，一幅漫画，一幅抽象派的拼贴画，一则短讯或计算机打印件"②。这是典型的第三次浪潮的特点。除此之外烟囱高立、机器轰鸣、环境污染等是典型的第二次浪潮的特点。而在广大农村和偏远地区，生产力底下，经营方式单一，重复生产成本高而效率低，这里还处于第一次浪潮的阶段。三次浪潮并存，孙立平概括为"断裂的社会"，"就是在一个社会中，几个时代的成分同时并存，相互之间缺乏有机联系的社会发展阶段"。③

随着 2001 年中国加入世界贸易组织（WTO），中国社会中发达城市或区域与国际社会的联系越发紧密，而那些比较"落后"的区域尤其是广大偏远农村往往被甩得越来越远。除城乡关系之外，断裂社会还表现在阶层关系上。以失业群体为例，对那些年龄偏大、学历较低、技术比较单一陈旧的人来说，他们既没有机会进入主导产业中去，也没有回到稳定的就业体制中去的可能，而且朝阳产业也难以给他们提供多少就业机会。如果没有较为充分的社会保障，这些失业群体在医疗、子女教育、住房等问题上可能会困难重重④。

---

① 陈佳贵：《调整和优化产业结构 促进经济可持续发展》，《中国社会科学院研究生院学报》2011 年第 2 期。

② ［美］托夫勒：《第三次浪潮》，朱志焱等译，生活·读书·新知三联书店 1984 年，第 242 页。

③ 孙立平：《断裂——20 世纪 90 年代以来的中国社会》，社会科学文献出版社 2003 年版，第 14 页。

④ 孙立平：《转型与断裂——改革以来中国社会结构的变迁》，清华大学出版社 2004 年版，第 110－111 页。

　　总而言之，中国互联网经济的兴起有其不同于西方发达国家的特殊性，主要表现为中国社会总体上发展不平衡、传统产业遭遇发展瓶颈、产业结构有待调整以及数量巨大的网民及其快速增长等。同时，互联网的兴起为中国经济发展带来了新的机遇，虽然第一、第二、第三次产业革命主要是西方国家引领的，但互联网科技的发展，中国则及时跟进，处在与西方国家同步发展的局面，甚至在某些应用领域已经领先于世界。这些背景性条件，影响着中国互联网经济发展的特点与方向。

三、互联网经济的内涵

　　一般而言，互联网经济是基于互联网所产生的经济活动的总和，在当今发展阶段主要包括电子商务、互联网金融（ITFIN）、即时通讯、搜索引擎和网络游戏五大类型。新时期我国互联网经济的发展，主要体现为"互联网＋"战略的推行和实施。在2015年全国"两会"上，"互联网＋"行动计划首次出现在政府工作报告中。2015年4月，国务院常务会议又做出了发展电子商务等新兴服务业、落实"互联网＋"行动，促进传统产业和新兴产业融合发展的工作部署。

　　"互联网＋"主要是指以互联网为主的一整套信息技术（包括移动互联网、云计算、大数据技术等）在经济、社会生活各部门的扩散和应用的过程。"互联网＋"是开放、可延伸、可拓展的，已经并将继续对经济系统、居民生活和政府治理产生深远影响。在"互联网＋"背景下，互联网经济的内涵主要体现为互联网与企业发展，互联网与生产、流通、交换、消费等的紧密结合①。

　　（一）互联网与企业发展

　　互联网与企业相结合，促进了经济系统在生产、流通、交换和消费各个环节的变化。在生产环节，互联网对生产领域的改造既包括将互联网技术和信息

①　参见余竹：《以"互联网＋"提升经济社会发展质效》，《上海证券报》2015年5月7日。

要素直接纳入生产过程之中，又包括通过提高资本、劳动、土地等要素的产出价值而间接起作用。从实践上看，生产环节逐渐增加了智能要素，互联网促进了生产流程和供求关系的调整，使原有大规模统一生产逐步走向更符合个性需求的智能化生产。互联网与企业相结合，将对经济系统进行再造。互联网经济意味着跨行业的综合竞争越来越多，原有市场格局被打破的可能性加大，技术进步和市场地位调整也蕴含了巨大的潜力。互联网与企业的结合，推动了在未知领域的探索能力和创业空间。李克强总理多次提到的"大众创业、万众创新"正是对互联网时代的生动呼应。

　　互联网与企业的结合，已经取得了快速发展。根据前引中国移动互联网信息中心发布的数据，截至 2016 年 12 月底，我国境内外上市互联网企业①数量达到 91 家，总体市值为 5.4 万亿元人民币。其中腾讯公司和阿里巴巴公司的市值总和超过 3 万亿元人民币，两家公司作为中国互联网企业的代表，占中国上市互联网企业总市值的 57%。中国企业信息化基础全面普及，"互联网 ＋"传统产业融合加速。2016 年，企业的计算机使用、互联网使用以及宽带接入已全面普及，分别达 99.0%、95.6% 和 93.7%，相比上年分别上升 3.8、6.6 和 7.4 个百分点。

　　此外，在信息沟通类互联网应用、财务与人力资源管理等内部支撑类应用方面，企业互联网活动的开展比例均保持上升态势。企业在线销售、在线采购的开展比例实现超过 10 个百分点的增长，分别达 45.3% 和 45.6%。在传统媒体与新媒体加快融合发展的趋势下，互联网在企业营销体系中扮演的角色愈发重要，互联网营销推广比例达 38.7%。六成企业建有信息化系统，相比上年提高13.4 个百分点。在供应链升级改造过程中，企业日益重视并充分发挥互联网的作用。

　　（二）互联网与生产领域的结合

　　互联网对生产领域的改造体现在互联网农业、互联网制造业、互联网工业、

---

　　① 根据中国互联网络信息中心对"互联网企业"的定义，是指互联网业务的营收比例达到 50% 以上的企业，其中互联网业务包括互联网广告与营销、个人互联网增值服务、网络游戏、电子商务等。定义的标准同时参考其营收过程是否主要依赖互联网产品，包括移动互联网操作系统、移动互联网 APP 和传统 PC 互联网网站等。

互联网金融等多个领域。

互联网与农业相结合推动了农业现代化前行的步伐。近年来，互联网与农业相结合，已经渗透到整个农业产业链。农业与互联网的融合主要在农产品的标准化生产、差异化宣传、物流储存成本、信息平台建设等农业的重点难点领域，主要体现在：农产品的标准化安全生产是食品安全的关键环节，网络信息技术在一定程度上能够实现对农业生产全过程的标准化监控，拉近生产与消费者的距离，增强消费者对农产品的信心；互联网是农产品差异化宣传的重要平台，给农产品营销提供了展示的舞台，许多农产品通过网络销售已经初具品牌优势；建设农产品电商平台是互联网农业发展的重点，当然，地方自建平台的成本很高，更多地采用与大型电商平台进行对接的做法。此外，"互联网＋"农业的重要努力方向是，建立和完善农业综合信息服务体系和农业信息化基础设施。

互联网与制造业的结合将带来新的变化。2015 年国务院常务会议部署加快推进实施的"中国制造 2025"战略的最大特征是将积极引入"互联网＋"作为重要发展思路。将"互联网＋"与战略性领域（特别是高端制造业）的融合提到统领层次，为我国制造业突围进行了有益探索，以信息化与工业化深度融合为主线，重点发展新一代信息技术、高档数控机床和机器人、航空航天装备、海洋工程装备及高技术船舶等 10 大领域。

互联网与工业相结合的智能制造是顺应产业变革的重要突破口。智能制造对市场分析、生产管理、加工装配、产品销售、产品维修、服务到回收再生的全过程各环节进行了优化升级，实现从人、技术、管理、信息的四维集成，实现物质流和能量流、信息流和知识流的集成交汇，实现从大规模工业生产转向小规模的个性化生产。

互联网与金融领域的结合已经如火如荼地展开。"互联网＋金融"已经形成了众多的细分互联网金融行业，从第三方支付、移动支付到在线理财，再到电商小贷、P2P、股权、实物众筹以及专注于某一细分金融环节的数据征信、金融服务平台、担保等。互联网金融的发展，给国内金融业的经营模式带来了极大的挑战。例如，互联网金融改变了传统的社会融资方式，2014 年我国各类网络融资新增约 2500 亿元，虽然只占同期社会融资规模的千分之十，但在风险控制上，通过动态掌握信息、全数据挖掘处理，快速评估企业信用，可以实现发放无担保、无抵押、纯信用的贷款，比传统银行基于"线下核实填报信息"的模式成本更低、效率更高。

（三）互联网与流通领域的结合

互联网与流通领域的结合主要体现在改善物流体系、降低物流成本等方面。互联网与物流行业的进一步结合，将使货主与承运方的交易越来越扁平化，中间层级大幅减少，监控管理越来越可视化，让一线的信息与后台的监控彻底扁平化，同时会进一步整合公路、港口和物流园区，促使信息扁平化。企业在物流信息平台建设、物流信息挖掘等数个方面展开竞争。物流信息平台的建设，集中于完善电子商务生态链条，将物流信息平台融入产前、销售及售后，突破了区域产品流通壁垒，提升企业竞争力。在深入挖掘物流信息上，以网购为例，截至 2016 年 12 月，我国网络购物用户规模达 4.67 亿，而且仍有不断增加的趋势①，网络购物行为中的地理位置、购物频率、购物喜好都可以从物流角度去分析和挖掘。

（四）互联网与交换领域的结合

交换或交易的互联网化发展极大地提高了交易效率。2014 年我国网上零售额同比增长 49.7%，达到 2.8 万亿元，较 2006 年增长 10 倍；占同期社会消费品零售总额的 10.6%，较 2006 年增长 27 倍。阿里研究院的研究表明，网络零售的交易效率是实体销售的 4 倍，同样 1 元的投入成本，实体零售可完成的商品成交额为 10.9 元，而网络零售能完成的商品交易额达到 49.6 元。2015 年全国网络零售交易额达到 3.88 万亿元，比上年增长 33.3%，相当于社会消费品零售总额的比重继续增长至 12.9%。其中，B2C 交易额 2.02 万亿元。2015 年，中国网络购物市场的交易活跃度进一步提升，全年交易总次数 256 亿次，年度人均交易次数 62 次②。

---

① 中国移动互联网络信息中心：《中国互联网络发展状况统计报告》（第 39 次），2017 年 1 月 22 日。
② 中国移动互联网络信息中心：《2015 年中国网络购物市场研究报告》，2016 年 6 月 22 日。

（五）互联网与消费领域的结合

我们以"网购"为例说明互联网与消费领域的结合。截至 2016 年 6 月，我国网络购物用户规模达到 4.48 亿，较 2015 年底增加 3448 万，增长率为 8.3%，我国网络购物市场依然保持快速、稳健增长趋势。其中，我国手机网络购物用户规模达到 4.41 亿，占手机网民的 63.4%①。每年的"双十一"像盛大的狂欢节，电商巨头们在"节日"到来时纷纷制造了一场场"全民网购狂欢"仪式。2016 年"双十一"一天的消费进程是，零点过后仅 20 秒，天猫"双十一"销售额越过 1 亿元，开场仅 52 秒，销售额破 10 亿元大关，6 分 58 秒，销售额过 100 亿。15 点 19 分 12 秒突破 912 亿元，超 2015 全年双十一当天交易额。18 点 55 分，交易额 1000 亿元，无线交易额占比 83%。2016 年 11 月 11 日 24 时，天猫"双十一"狂欢夜成交额锁定在 1207 亿元。② 这些数字足以说明互联网和"网购"的巨大力量。

总而言之，互联网将日益与生产、流通、交换和消费各个领域和环节结合，全方位地影响经济发展、企业经营和消费者生活。就总体的经济发展而言，不同于依靠生产成本优势的中国制造，互联网经济将使我国的经济由看得见、摸得着、有排放的中国制造，转变为智能化、数据化、少排放的中国创造。当然，在现实层面，这种转变需要经过一定过程，并不是一蹴而就的。

四、互联网经济发展的社会基础

根据结构功能论的视角，经济、政治、社会、文化等系统各自负有相应的功能，共同形成基本的社会结构。互联网经济也不例外，其发展同样需要植根于中国的社会基础，如网民结构、互联网发展的地域与城乡差异、相关的制度安排以及人才培养模式等。

---

① 中国移动互联网络信息中心：《中国互联网络发展状况统计报告》（第 39 次），2017 年 1 月 22 日。

② 数据来源，http://finance.ifeng.com/a/20161112/15003485_0.shtml，2016 - 11 - 12.

（一）互联网经济与网民结构

互联网经济，顾名思义，需要以互联网为媒介或基础开展经济活动，那么，其前提一定是互联网的发展乃至普及。根据中国移动互联网络信息中心发布的统计数据，截至 2016 年 12 月，中国网民规模达 7.31 亿，相当于欧洲人口总量，互联网普及率为 53.2%，超过全球平均水平 3.1 个百分点，超过亚洲平均水平 7.6 个百分点。中国手机网民规模 6.95 亿，网民中使用手机上网人群占比由 2015 年的 90.1% 提升至 95.1%，增速连续 3 年超过 10%。移动互联网依然是带动网民增长的首要因素。我国农村网民占比为 27.4%，规模为 2.01 亿。城镇网民占比 72.6%，规模为 5.31 亿。我国域名总数为 4228 万个，其中".CN"域名总数年增长为 25.9%，达到 2061 万个，在中国域名总数中占比为 48.7%。中国网站数量为 482 万个，年增长 14.1%。截至 2016 年 12 月，中国网页数量为 2360 亿个，年增长 11.2%[①]。

这些数字表明，我国互联网经济的发展具备较为充分的人口基础和网民规模条件。虽然不是每个网民都会参与互联网经济活动，但大量网民接入互联网、网民规模增加以及互联网普及率稳步上升，则意味着互联网经济可以挖掘的生产与消费空间巨大。曾几何时，一提起"人口大国"，人们往往会想起"物质资源少""社会保障难""人均收入低""区域发展不平衡"等问题，而在互联网时代，庞大的人口规模其实也蕴藏着经济发展的潜力，问题的关键是如何有效地吸引和激发普通网民参与到互联网经济活动中来。

（二）城乡互联网发展状况

我国网络社会的发展存在地区和城乡之间不平衡的问题。截至 2015 年 12 月，中国 31 个省、自治区、直辖市中网民数量超过千万规模的达 26 个，与 2014 年相比增加了甘肃省；互联网普及率超过全国平均水平的省份达 14 个，与 2014 年相比增加了海南省和内蒙古自治区。由于各地经济发展水平、互联网基础设施建设方面存在差异，各省、自治区、直辖市的互联网普及率参差不齐，数字鸿沟现象依然存在。

---

① 中国移动互联网络信息中心：《中国互联网发展状况统计报告》（第 38 次），2016 年 8 月 3 日。

　　截至 2016 年 12 月，我国城镇地区互联网普及率为 69.1%，农村地区互联网普及率为 33.1%，城乡普及率较 2015 年扩大为 36%。我国农村网民在即时通信、网络娱乐等基础互联网使用率方面与城镇地区差别较小，即时通信、网络音乐、网络游戏应用上的使用率差异在 4 个百分点左右；但在网购、支付、旅游预订类应用上的使用率差异达到 20 个百分点以上。这一方面说明娱乐、沟通类基础应用依然是拉动农村人口上网的主要应用，另一方面也显示农村网民在互联网消费领域的潜力仍有待挖掘①。

　　有种观点认为，"从长远来看，互联网是缩小城乡差距的一把利器，互联网将既有的等级化的市场结构变为扁平的网状结构，加入其中的人们都可以成为这个巨大网络中的一员。互联网的全覆盖，为身处城市和乡间的人们提供了一个交往与互动的虚拟空间，信息、知识、技术可以自由流动，这也为乡村的人们提供了相对均等的机会。比如，在农村很少有购买理财产品的机会，现在只要跟支付宝或者微信绑定，就可以获得比存款多的收益。"② 这种"乐观"观点可能没有看到长期以来城乡发展的差距及其根源。在根本上，农村经济发展是一个系统工程，牵涉政策安排、组织建设、人才培养、观念调整等综合条件。试图通过互联网缩小城乡发展差距，首先需要看到目前城乡发展差距的现状和根源。

　　（三）互联网社会的"民情"

　　互联网社会的发展，需要形成基础的网络秩序，即在网络经济活动，网络交往，网络信息发布、交流、传播等方面，形成基本的秩序。在网络秩序的基础上，法律是基本的方面，只有遵纪守法才能确保网络秩序的维持。由于我国互联网发展的历史短、发展迅速，网络空间与现实空间交互影响、复杂多变，加上现实社会也处在不断变迁之中，使得我国网络社会的发展更显复杂，基础性的网络秩序尚待形成。中国网络发展的重要特殊性在于，一些复杂的现实问题，往往在网络空间中表达出来，如官员腐败问题、医患冲突问题、食品安全

---

① 中国移动互联网络信息中心：《中国互联网发展状况统计报告》（第 39 次），2017 年 1 月 22 日

② 孙兴杰：《互联网是缩小城乡差距的利器》，荆楚网，http://focus.cnhubei.com/media/201504/t3231911.shtml，2015 年 4 月 14 日。

问题等。而多元驳杂的网络信息，有时因为网民的参与、评论、转发等而变得更为琐碎和迷离，反而使得信息真实性的甄别变得非常困难。

现实社会与网络社会交互影响，当现实社会缺少秩序甚至存在"失范"问题时，这样的问题也会在网络空间中表现出来，呈现"众声喧哗"的特点。也许，这就是互联网短期而快速发展状况下的"民情"，这种民情将成为互联网经济发展的环境和背景。虽然互联网经济不像一般意义上的网络行为那样随意和缺少规则，但不意味着它一定是理性和规范的，而是需要在实践经验中建立理性化的秩序。网络空间秩序和互联网经济秩序的建构，在很大程度上是同一个过程，这是互联网经济兴起过程中所无法回避的问题。

（四）制度与政策条件

互联网技术发展速度快，很多新的信息经济产业发展迅速，但支撑信息产业发展的制度环境的改变则相对缓慢。例如，我国还没有统一的促进信息和数据流动与共享的政策，行业、地区、部门之间的信息分割还比较严重。目前我国对互联网行业的财政支持力度有限，相关财政补贴较为分散，对新兴"互联网＋"企业在税收减免方面的优惠也不够多，制约了企业在早期的迅速发展①。

互联网行业的竞争已经从单一领域扩展为跨界融合，竞争手段趋于混合多样，竞争行为具有复杂性，但相应的监管性制度安排还不健全。目前，我国互联网管理的法律法规体系仍不完善，执法手段也相对不足，对企业竞争行为的监测、取证和判定都缺乏有效的手段，管理和监管方式尚未理顺。这些制度性、政策性的安排，是互联网经济发展不可缺少的基础性、保障性条件。

此外，在我国现有的教育体制和结构中，人才培养存在滞后于互联网发展需求的问题。当前我国教育在总体上存在职业技术应用人才培养不足的问题，适应互联网经济发展的相关专业人才较为短缺，人才结构亟须优化。多层次的电子商务人才、移动互联网人才、互联网金融人才等的培养，与多元丰富的互联网经济市场的需求存在脱节问题。互联网的快速发展需要培育更多创新型应用型人才，"互联网＋"战略的实施也对人才培养提出了更高的要求。

---

① 余竹：《以"互联网＋"提升经济社会发展质效》，《上海证券报》2015年5月7日。

五、互联网经济的社会影响

当前，中国互联网的发展如火如荼，互联网正在改变人们的生产方式、工作方式、生活方式甚至思维方式，互联网经济也将引发一系列变化。正如人们常说的"网络是把双刃剑"，互联网的发展在给人们带来诸多"好处"的同时，也产生了一些令人困扰的问题，互联网经济也不例外。这里，我们仅通过几个侧面分析互联网经济的积极影响和值得忧虑的问题。

（一）互联网经济对居民生活的影响

互联网经济的发展逐渐打破了人们日常生活中的时间与空间约束。比如，之前难以买到的外地商品、进口物品、稀少特产等，现在可能只需搜索网页和点击鼠标就能买到。互联网的发展大大拓展了居民的消费选项，能在更大范围内挑选物品。"互联网＋"越来越渗透到人们的生活之中，改变人们原有的消费习惯、重新塑造消费流程、扩大消费选择范围、降低消费交易成本，极大地方便了居民的消费活动。同时，互联网也激发了人们对社交、旅游、休闲、医疗与教育等多方面的潜在需求，逐渐推动社会福利水平的改善。

从居民的基础需求来看，互联网已经对衣食住行各方面产生影响。在购买服装方面，网络购买已经成为重要的消费模式，尤其是对青年群体而言，网店商品的多样化和价格优势备受青睐。在饮食方面，餐饮企业借助互联网平台正在对消费者进行特征划分以满足更为个性化的需求。在住房方面，互联网信息技术的介入已经明显改变了实体地产中介的模式，而且房产中介利用网络数据，满足了消费者对价格趋势的了解和判断的需要。在出行方面，以互联网打车软件的兴起为代表，实现了空间分散、时间错位之间的供求匹配，提高了供求双方的匹配度。

（二）互联网经济与政府职能转变

互联网经济的发展对政府职能提出了新的要求，也将促进政府职能的转变。在宏观层面，作为发展战略的"互联网＋"，其具体实现过程依赖于政府对市场信息的高度敏感和深刻理解。"互联网＋"战略的全面实施，将在理念和实践上促使政府进一步厘清职能范围、建立基础性市场制度、完善服务体系、加强对违法犯罪行为的监管、保护消费者的合法权益，通过创新途径激发互联网经济的活力。

"互联网＋"不仅冲击政府关于职能定位的理念，而且也会提高政府的治理效能。"互联网＋政府"将促进政府治理能力现代化，因为"互联网＋"时代不断产生新现象、新观念、新模式，将挑战政府传统的管理服务方式。而这些挑战往往超前于各种法规和规范，对政府监管框架提出了重大挑战，促使政府服务与监管职能加速转型和政府治理体系、治理能力加速现代化。

在"互联网＋"战略实施的大背景下，政府的社会治理方式也将发生改变，推动"网络社会治理"的发展。所谓"网络社会治理"就是政府针对互联网兴起背景下社会现实的新变化和新问题，通过互联网技术和手段所进行的以传达公共信息、化解社会问题、凝聚社会共识、建构社会秩序等为目的的社会治理。"网络社会治理"既将"政府治理"与"社会治理"结合起来，又将"网络社会"与"社会治理"结合起来，是互联网兴起背景下的一种新的社会治理形式①。直面互联网时代，通过互联网进行社会治理，是新时期政府面临的重要任务，也是政府职能转变的重要契机。

（三）数字鸿沟问题

"数字鸿沟"（Digital Divide）又称为"信息鸿沟"，简单来说，就是"信息富有者"和"信息贫困者"之间的鸿沟，具体地说是一个在拥有信息时代的工具的人和那些未曾拥有者之间存在的鸿沟。数字鸿沟是一个复杂的、多维度的现象，它既存在于信息设备的技术领域，也存在于信息资源的应用领域；存在于国与国、地区与地区、产业与产业、社会阶层与社会阶层之间，已经渗透到人们的经济、政治和社会生活当中，成为在信息时代凸显出来的社会问题。说"数字鸿沟"是一个社会问题，主要在于它是伴随互联网和新媒体技术产生的一种社会不平等现象，而且与社会各类不平等因素之间存在相互作用的关系——信息技术接入前和信息资源获得过程中的社会不平等造就了数字鸿沟，而数字鸿沟可能会加深社会结构方面的不平等。

根据前引第39次《中国互联网络发展状况统计报告》，互联网知识与应用

① 参见本书第十章。

技能的缺乏，仍然是造成不同群体之间数字鸿沟的主要原因。调查显示，农村人口是非网民的主要组成部分，截至 2016 年 12 月，我国非网民规模为 6.42 亿，农村非网民占比 60.1%。非网民不上网的原因主要是不懂电脑/网络，比例为 54.5%，不懂拼音等文化程度限制 24.2%，没时间上网 17.8%，年龄太大/太小，占比为 13.8%，没有电脑等上网设备的比例为 8.0%。

2005 年，国家信息中心组建了"中国数字鸿沟研究"课题组，建立了"相对差距综合指数法"及其分析模型，对"数字鸿沟指数（DDI，Digital Divide Index）"进行跟踪测算和研究。根据该中心 2012 年的报告可以看出，中国数字鸿沟主要体现在城乡之间和地区之间。城乡数字鸿沟综合指数（城乡 DDI）是由五项城乡信息技术应用相对差距指数加权计算得出的一个合成指标，反映的是城乡数字鸿沟总体水平。其中互联网、计算机、彩电相对差距的权重分别为 1/4，固定电话、移动电话相对差距指数的权重分别为 1/8。测算表明，2012 年城乡数字鸿沟总指数为 0.44，即农村信息技术应用总体水平落后于城市 45% 左右，表明城乡之间仍存在着明显的数字鸿沟。

从分类指标看，城乡数字鸿沟主要体现在计算机和互联网方面，固定电话居中，移动电话和彩电方面的差距已经很小。总体上看，一项技术产品的普及越趋于饱和，城乡差距就会越小。从变化趋势看，城乡数字鸿沟呈缩小趋势，2002 - 2012 年城乡数字鸿沟指数下降了 41%。差距缩小最快的是移动电话，缩幅达 91%。其次是彩电，缩幅达 73%。计算机和互联网差距的缩幅分别为 20% 和 31% [1]。

数字鸿沟已不单单是能否获得信息的问题，而是如何使用信息的问题。有研究指出，对网络的接入和使用目的都受到地域因素和个人社会经济特征的影响，地域因素对网络使用目的的影响力要小于其对人们是否接入网络的影响，这说明，互联网对于地区之间硬件资源的不平等有着一定程度的弥合作用。但是，不同收入水平和职业地位的人群对网络的使用目的和利用水平上呈现出一种鲜明的对比和分化。经济越发达的地区，人们越倾向于利用网络进行娱乐和

---

[1] 《中国数字鸿沟报告 2013》，国家信息中心，http：//www.sic.gov.cn/News/287/2782.htm，2014 - 05 - 20。

休闲活动，而经济落后地区的网民则更多地将网络用于学习和工作目的。社会经济地位越高的网络使用者越倾向于将网络用于学习和工作目的，职业地位和收入越低的人群由于技能或动力上的不足，越不可能利用网络促进个人职业发展，网络对于他们来说只是娱乐和打发时间的工具。

　　数字鸿沟不仅仅是地区之间信息资源分布的不平等，在更深的层次上，是处于不同社会经济地位的人群之间的差距。对于个人收入和职业地位处于劣势的人群来说，网络本来应该是他们学习知识技能、增进个人发展、缩小现实不平等的一次机遇，然而，由于动力和素养等方面的缺乏，这些原本处于劣势地位的人们却未能充分利用这次机遇，反而扩大了与社会经济优势地位人群的差距，其后果必然导致不同社会经济地位的人群之间的数字鸿沟和社会经济不平等进一步扩大。硬件接入上的鸿沟可以随着技术的普及而逐渐缩小，而人们在运用信息技术以促进个人发展的能力、素养方面的差距，则反映了社会根深蒂固的结构性不平等，而且会在一定程度上加深这种不平等[①]。

　　虽然互联网经济兴起的背景是中国网民人数日益增加的现实，而且很多农村人口也能够通过智能手机接入互联网，但这不意味"网络面前人人平等"。"接入"互联网，不代表对互联网的全方位参与，例如，很多农民尤其是年轻人，主要通过手机下载音乐、电影，或者通过网络平台聊天。因此，这种情况下的互联网接入，更多的是对信息的接近和消费，而不是通过信息进行生产和创造新价值。在"互联网＋"战略的背景下，新的经济机会与生长空间，并非能凭空而起，而是植根于传统的产业基础和相关从业经验之上，如果没有现实的经验，参与"互联网＋"也只能空想。在这个意义上，互联网经济时代更多的是城市的时代，数字鸿沟在城乡之间依然会保持甚至扩大。

　　[①]　参见郝大海、王磊：《地区差异还是社会结构性差异？——我国居民数字鸿沟现象的多层次模型分析》，《学术论坛》2014 年第 12 期。

六、结语

互联网经济是网络化时代产生的一种新的经济现象。对中国社会而言，互联网经济的兴起，既有世界科学发展、全球化潮流等因素的推动，也和中国社会发展阶段、社会结构特点等因素密切相连。互联网行业以创新、开放和融合的姿态，全面渗透到教育、医疗、旅游、金融、娱乐、社会治理等各个领域。新时期互联网经济的发展，主要体现为"互联网＋"战略的推行和实施。互联网经济的蓬勃发展，为引领消费、扩大内需注入了新的动力，其影响将在未来的时间里进一步显现。

和传统的实体经济一样，互联网经济的发展同样需要植根于中国的社会基础，如网民结构、互联网发展的地域与城乡差异、相关的制度安排以及人才培养模式的调整等。互联网经济的兴起，为中国社会带来了新的机遇也带来了新的挑战。面对互联网行业对传统经济领域的冲击，中国政府采取了鼓励创新、优化治理和战略扶持的态度，为网络经济创造了良好的生态环境。展望未来，中国互联网经济之潜力的挖掘与持续，将取决于政府创造有利政策环境的能力、企业网络化管理的推进以及人才培养模式的适应与改进等。

第十二章

网络反腐：社会转型新时期的权力监督

一、引言

本书第十章曾讨论，互联网的兴起使中国的社会转型进入新时期和新阶段，并引发诸多新变化。在网络化条件下，很多新闻或社会事件往往通过互联网传播开来，进而为人们广泛知晓。虽然社会事件的根源可能来自于网络之外，但如果没有网络的传播作用，事件的传播范围、速度和影响力会大打折扣。借助互联网而产生巨大影响的社会事件，在一定程度上可以称为"网络社会事件"，在这类事件中，"贪腐事件"尤为引人注目。

2012 年 8 月 26 日，原陕西省安全生产监督管理局局长、党组书记杨达才在延安交通事故现场，因面带微笑被人拍照上网，引发争议。而后，杨达才被网友指出戴过多块名表，被讽刺为"表哥"。2012 年 9 月 21 日，陕西省纪委做出决定：撤销杨达才陕西省第十二届纪委委员、省安监局党组书记、局长职务。2013 年 8 月 30 日，西安市中级人民法院公开开庭审理杨达才受贿、巨额财产来源不明一案。同年 9 月 5 日，杨达才被以受贿罪和巨额财产来源不明罪数罪并罚判处有期徒刑 14 年，并处罚金 5 万元①。

另一个与互联网的作用和影响息息相关的典型腐败案件是"雷政富事件"。

---

① 参见石志勇、梁娟：《"表哥"杨达才获刑 14 年，没收非法所得 529 万余元》，《新华每日电讯》2013 年 9 月 6 日。

2012 年 11 月 20 日，网上流传疑似重庆市北碚区区委书记雷政富的不雅视频，之后迅速成为网络热点话题。经核实，不雅视频中的男性确为雷政富。不雅视频发布 3 日后，雷政富被免去北碚区区委书记职务，并被立案调查。2013 年 5 月，重庆市纪委对涉及不雅视频的雷政富等 21 名违纪党员干部做出处理，拟对雷政富给予开除党籍、开除公职处分。2013 年 5 月 10 日，重庆市人民检察院第一分院对雷政富涉嫌受贿罪依法向重庆市第一中级人民法院提起公诉。2013 年 6 月 28 日，重庆市第一中级人民法院对雷政富一审公开宣判，以受贿罪判处雷政富有期徒刑 13 年，剥夺政治权利 3 年，并处没收个人财产 30 万元①。

上述事件仅仅是 2012 年以来反腐行动中的部分事件，但足以使人感受到反腐过程中互联网的推动作用和社会影响力。党的十八大以来，中央的反腐工作进入一个新阶段，2013 年 9 月 2 日，中央纪委监察部网站开通，一个月内统计的网络举报数量达 2.48 万多件，平均每天超过 800 件。有媒体评论称，该网站的开通标志着中国反腐进入互联网时代，体现了中央纪委“开门反腐”的新思路，让公众看到了中央反腐的坚定决心②。

类似于“杨达才事件”和“雷政富事件”的网络社会事件，有的带有一定的偶然性（如“表哥”杨达才所戴名表、腰带、眼镜被曝光），但被互联网曝光后迅速发酵，引起社会的广泛关注；有的始于网上举报，引发舆论关注，然后纪检部门介入，调查和确认腐败问题。可以说，很多腐败问题的显露都和互联网紧密相关，无怪乎有媒体称“中国进入网络反腐时代”。

网络反腐有其深层的社会基础。一方面，随着互联网时代的兴起，越来越多的人成为网民，网络成为很多人生活中须臾不可分离的组成部分；另一方面，在中国社会转型的过程中，官员的贪腐行为严重，社会矛盾多发，民众表达利益诉求的呼声日益强烈。可以说，网络社会的兴起、社会问题的滋生与民众利益诉求的高涨，使网络反腐登上历史舞台，在新时期的反腐行动中扮演重要角色。本章主要结合中国转型期的社会背景，讨论网络反腐的基本内涵、实践过程、政治与社会意义及其限度等问题。

---

① 参见朱薇：《雷政富被判十三年，受贿详情曝光》，《新华每日电讯》2013 年 6 月 29 日。
② 王少伟、姜永斌：《“开门反腐”的有力之举》，《中国纪检监察报》2013 年 10 月 8 日。

二、何谓网络反腐

网络反腐，顾名思义，是借助网络媒介和平台所进行的反腐行动。当然，这里的"网络"主要指互联网，网络反腐是相对于传统的制度反腐而言的，是反腐行动与互联网的结合。党的十八大前后，网络反腐成为新时期反腐的新形式，"网络反腐"也成为人们耳熟能详的词汇。

虽然在字面的意义上，网络反腐是借助互联网的反腐行为，但对网络反腐的具体界定却不无分歧。总体来说，主要有三种理解：

第一种观点侧重于从民间力量的角度界定网络反腐。这种观点认为，网络反腐是互联网时代的一种群众监督新形式，借助互联网人多力量大的特点和方便快捷、低成本、低风险的技术优势，更容易形成舆论热点，成为行政监督和司法监督的有力补充①。还有观点认为，网络反腐实质是一种舆论监督，是社会民众根据法律赋予的权利，借助媒体舆论对社会公共事务管理中的权力组织和决策人物的言行予以审视、监督以及对腐败问题给予批评指责②。

第二种观点主要从官方的角度来确定网络反腐的边界。在这个意义上，网络反腐是指国家反腐专门机关利用网络这一现代通信和传媒工具，听取网民对反腐工作的意见、建议，接受、处理和反馈网民的举报及投诉，进而查处腐败案件的一种反腐新模式和新机制。也就是说，网络反腐是一个受理和处理互动的过程。同时，网络反腐还包括以网络为基础的电子政务建设，和以政府信息公开为基础的网上监督系统的推广和应用③。

第三种观点倾向于将官方和民间通过互联网实施的一切直接或间接与反腐

---

① 张维平、魏伟：《信息化时代我国完善网络反腐的政府作为》，《重庆邮电大学学报》2010 年第 9 期。

② 鲍泓、徐媛君：《当前中国网络反腐现状及完善措施》，《人民论坛》2012 年第 5 期。

③ 参见李永洪：《新时期增强我国网络反腐实效的对策探析》，《兰州学刊》2010 年第 1 期；周育平：《"网络反腐"的利弊分析及展望》，《思想政治教育研究》2011 年第 12 期。

相关的活动均涵盖在网络反腐的范围之内①。这种观点认为，网络反腐是广大网民和国家专门机关通过网络揭露、曝光和追查各类腐败行为的活动，是互联网时代党、政府和广大人民群众共同进行的反腐倡廉的新形式，即在党和政府的主导下，在相关法律和政策规范下，党和国家机关与广大人民群众以网络技术为手段，进行反腐倡廉宣传教育、举报腐败官员的腐败行为，以达到有效预防、遏制、惩戒腐败行为的目的②。

基于已有对网络反腐的理解，我们认为，所谓"网络反腐"是指广大民众和反腐机关在法律允许的框架内，通过互联网收集、识别有关腐败的信息，对腐败行为进行举报、查处的活动和过程。网络反腐既包括民间反腐也包括官方反腐，前者主要通过网络举报、曝光、跟踪和评论制造网络舆论，促使反腐部门对贪腐行为进行查处；后者主要是纪检部门主动利用电子政务搜集、受理和处理网络曝光的腐败信息，或者对网络反腐舆论做出回应，还包括通过网络公布腐败案件的处理情况、进行反腐倡廉宣传教育、接受社会舆论监督等。

根据上述界定可知，网络反腐主要包括三重内涵：一是民间自发的网络反腐行动，民众借互联网检举揭发贪腐行为，使腐败问题成为舆论热点，进而引起纪检部门的关注和介入。二是政府部门利用网络的特点，开展网络举报等电子政务，既接收民众的举报信息，回应民众的利益诉求，也方便人民群众监督政府、防止腐败，如中纪委开通反腐举报网站。当然，不能忽视网络反腐的第三个方面，即通过互联网进行比较柔性的反腐倡廉宣传教育，这种做法不是事后处理，主要是事前引导和监督，重在进行党风廉政教育，形成反腐倡廉的氛围。

上述第一个方面的网络反腐还可以分成两种亚类型：无意识的网络反腐和有意识的网络反腐。前者如"杨达才事件"③，带有一定的偶然性，即最初网友上传"微笑"和"戴表"的图片，可能并不是有意举报，但"无心插柳"带来

---

① 参见李国清、杨莹：《网络反腐研究：主要问题与拓展方向》，《理论与改革》2013 年第 1 期。

② 参见谭世贵：《网络反腐的机理与规制》，《光明日报》2009 年 5 月 9 日；彭晓薇：《论网络反腐》，《求实》2011 年第 3 期。

③ 参见李伯牙：《杨达才获刑 14 年》，《21 世纪经济报道》2013 年 9 月 6 日。

了"非预期后果",起到反腐的作用。后者是举报者有意识地通过互联网举报贪腐官员,如罗昌平直接通过微博举报刘铁男的腐败行为。这两种网络反腐的共同特点是,一方面体现了网络技术在反腐败中的应用,另一方面凸显了互联网舆论的传播效果:使贪腐信息公之于众,形成巨大的社会舆论压力。

三、网络反腐的社会背景

网络反腐的兴起和互联网的快速发展有关,但更重要的是,有其深层的社会根源,如快速经济增长背后社会矛盾多发,权力缺少有效监督,民众迫切需要利益表达渠道等。或者说,正是这些问题的存在,在根本上推动了反腐行动和互联网的结合。

(一)快速经济增长背后的社会问题

改革开放 30 多年来,中国的经济快速、稳定增长,预示了中国的"和平崛起"。2005 年底,中国 GDP 增加 16.8%,超过意大利,成为世界第六大经济体。2006 年,中国经济规模超过英国,成为仅次于美国、日本和德国的世界第四大经济体。2007 年,中国 GDP 增速为 13%,超过德国成为全球第三大经济体。仅仅 3 年之后,中国 GDP 便超越日本,成为世界第二大经济体。中国的 GDP 从 1978 年的 2683 亿美元,猛增到 2010 年的 5.879 万亿美元,30 余年间增长了 20 余倍,平均增速接近 10%,开创了中国经济发展史上前所未有的"高速时代"。[①]

但是,在经济增长背后,也存在一些结构性矛盾,如城乡居民的收入增长落后于 GDP 增长;就业增速落后于 GDP 增速;GDP 增长主要靠投资需求和出口需求,消费需求的增长相对缓慢;经济增长对外依赖程度上升,经济增长带来的利益分配更加复杂;本国居民的储蓄不断增长,但却难以转化为有效的投资,居民投资渠道单一,投资回报低,构成储蓄增长和投资增长的矛盾;三次产业的发展不均衡;区域发展不平衡,差距过大;社会贫富差距扩大;政府的"维

---

① 参见汪孝宗《哪个省的 GDP 含金量更高?》,《中国经济周刊》2011 年第 8 期。

稳"要求与民众利益表达的矛盾等。在众多矛盾中，贫富差距拉大、社会冲突多发、社会公信力下降、社会焦虑情绪扩散等问题，尤其值得关注。

需要指出的是，虽然这些矛盾直接或间接地对人们的日常生活产生影响，但由于宏观层面的变迁往往距离个体社会成员的生活较远，人们未必能够洞察到宏观社会运行的规律和机理，倒是和人们日常生活息息相关的"现象"或"事件"更能引起人们的注意，如基层官员的贪腐问题。近些年发生了一些官员以权谋私、徇私舞弊、侵占民众合法利益、打压民众表达利益的权利等现象。经受利益侵害的人们可能会把自己所经受的一些不公正都归咎于其耳闻目睹的官员腐败行为。民众也常有这样的感慨："中央的政策是好的，一到下面就走了样！""当官不为民做主，不如回家卖红薯"。对贪腐官员的愤怒甚至仇视成为一股蔓延开来的社会情绪。

（二）滥权之弊与社会之痛

有些社会问题往往与公共权力滥用、缺少监督和约束有关，权力的滥用损害了官民关系和民众对政府的信任。例如，2013 年 9 月，有媒体报道，河南周口两个月查出近 6000 人"吃空饷"，财政开支超 1 亿元。一个地级市为吃空饷付出的代价就 1 亿元，而尚未调查或查明的类似现象简直难以想象。众所周知，吃空饷者吃的是国家的钱、纳税人的血汗，损害的是公职人员的形象和政府机关的公信力①。吃空饷乱象透露出的是公职人员的权力缺少足够的监督和其行使权力的信息透明度较低。道理很简单，一个单位公职人员的数量是多少，有多少在上班，发了多少工资，有没有人吃空饷，单位的人事和财务部门心知肚明、一查便知。但是，由于组织和制度环境的封闭性，"高高在上"的行政权力难以被有效监督，这种现象便长期存在。

握有权力的少数人占有大量社会资源，造成社会不公，引发民众不满，导致社会矛盾情绪积聚。然而，悲哀的是，在社会资源分配不公、流动性受阻的情况下，无权者没有足够的资源和渠道追求自己的利益，往往也只能以助长腐败的方式获得利益。正如有学者所言：

---

① 参见姜洪：《阳光下，"吃空饷"不是疑难杂症》，《检察日报》2013 年 9 月 12 日。

当一种腐败的潜规则已经形成，当人们的正当需求不得不用会助长腐败的方式来满足的时候，当人们在口头上谴责腐败而在行动上不得不向腐败低头的时候，意味着人们对于腐败的默认，意味着腐败与非腐败的边界的模糊，以及腐败的"正当性"的形成，这无疑会增加反腐败的难度。最终的结果是一种腐败文化的形成。我们已习惯了用腐败的观点看问题，看是非，用腐败的观点指导生活和行动；我们已经学会了嘲弄清廉的正直，学会了压制纯洁的善良，我们成了正直道德和良好品德的扼杀者。①

可以说，人们对腐败低头、默认腐败甚至与腐败共谋，才是真正的社会之痛。

（三）民众需要疏导压力与不满

有学者指出，我们需要特别注意到这样一个社会背景：20 世纪 90 年代中期以来中国社会结构的定型化。也就是说，从那个时候起，贫富差距开始固化为一种社会结构，一种基本的利益格局开始定型下来。在这种情况下，片面地强调"稳定压倒一切"，可能会导致这样一种结果，即无法实施会触动基本利益格局的体制变革，在促进社会公平与正义上举步维艰，结果是社会中现有的利益格局日益稳固化②。如果正式的利益表达渠道往往低效甚至无效，而利益受损的民众又迫切需要通过某种渠道表达利益和不满，那他们很可能不得不通过比较极端的方式表达利益、宣泄不满。

例如，2012 年 7 月 2 日，因担心宏达钼铜多金属资源深加工综合利用项目引发环境污染问题，四川省什邡市大量群众聚集在市中心地带，少数市民情绪激动，强行冲破警戒线，进入市委机关，砸毁一楼大厅 8 扇橱窗玻璃、3 个宣传栏、4 个宣传展板。事件引发了警民冲突，数名群众受伤。为及时平息事态，公安机关依法对 27 名涉嫌违法犯罪人员予以强制带离。7 月 3 日下午，什邡市委书记接受媒体采访时表示，什邡今后不再建设钼铜项目。当晚，被带离的 27 人

---

① 孙立平：《重建社会——转型社会的秩序再造》，社科文献出版社 2009 年版，第 205 - 206 页。

② 陈敏、孙立平：《超越稳定 重建秩序——孙立平访谈录》，孙立平《重建社会——转型社会的秩序再造》，社科文献出版社 2009 年版，第 2 - 3 页。

中，6 人被拘留，21 人经过批评教育予以释放。虽然事件很快平息，但也反映出当地政府、企业与民众沟通不畅的问题，或者没有在事前认真了解民情、倾听民意、与民对话。

（四）互联网的力量

网络反腐建立在互联网技术及其快速发展的基础之上。与传统的反腐形式相比，网络反腐具有独特的技术优势，这在一定程度上影响乃至决定了网络反腐的效力。互联网是一个非中心化的、跨时空的、交互性的技术架构。在时间上，数字化的互联网信息传递和传播速度极快，一个网络事件可能在瞬间就被成千上万的网民知晓和转载。在空间上，互联网将世界上不同的地区联系起来，极大地压缩了空间，在互联网空间中几乎不存在地理距离的概念。在交往方式上，互联网可以进行一对一、一对多、多对多的在线和离线互动，克服了传统交往依赖于特定地点的局限性。

在此条件下，网络反腐信息传播速度快、受众广泛、舆论影响力强，是传统的制度反腐所难以比拟的。网络反腐的匿名性、开放性、参与广泛性及舆论压力等优势，在一定程度上弥补了传统反腐的不足。从媒介权力的角度看，互联网突破了传统媒介的版面限制和参与门槛较高的局限，克服了地方政府对传统媒介的控制权，赋予普通民众更多的表达机会和话语权力，从而使他们可以发布、评论和跟踪贪腐事件，形成网络舆论，进而促使反腐机构采取切实行动，或者为反腐机构主动反腐提供腐败信息和线索。

四、网络反腐的实践过程

网络反腐事件的原因与过程不尽相同，因而并不存在整齐划一的规律性。但我们可以在一般性意义上讨论和互联网的关系非常密切的反腐逻辑：腐败问题的存在——社会不满的累积与蔓延——官员腐败行为的网络暴露，或举报信息的出现与迅速扩散——纪检部门介入调查——官员受处分或落马——反腐行动产生舆论压力或社会威慑力。

（一）腐败问题的主要表现

毫无疑问，反腐首先是因为腐败现象的存在，甚至到了比较严重的程度，只不过腐败表现的形式不同，有的容易引起民众的不满，有的则比较隐蔽。早在十几年前，有论者概括了党政机关及其工作人员腐败的主要表现：官商不分、以权谋私、腐化堕落、滥用职权、官僚主义等①。当然，这几个方面并非泾渭分明，而是存在交叉重叠之处。

腐败表现之一：官商不分。一些党政机关工作人员同时参与经商活动，而且往往利用公权之便，谋取非法利益，干扰正常的市场竞争秩序。2010年山西"段波案"为官商不分的腐败行为提供了例证。据调查，2002年11月，段波利用其担任临汾市公安局副局长的职务之便，帮助张佩亮等人购买了安泽县红星接替井煤矿的经营权，并接受该矿20%的干股。2004年该矿转让获利后，段波分得2亿元人民币，其中1000万元作为其女儿在北京某公司的入股资金。段波在担任临汾市尧都区公安局局长、临汾市公安局副局长期间，为尧都区石凹河煤矿矿主郝铁栓的儿子分配工作等提供帮助，段波共收受郝铁栓38万元人民币。2005年1月，段波让郝铁栓为其在北京某小区购买了价值306万余元的住房一套及价值27万元的停车位。2010年9月30日，太原市中级人民法院一审判决，山西省运城市公安局原局长段波因受贿2431万元，被判处无期徒刑，并没收个人全部财产②。

腐败表现之二：以权谋私。"刘铁男案"是以权谋私的典型事件。2013年8月8日，中共中央纪委对国家发展和改革委员会原党组成员、副主任，国家能源局原党组书记、局长刘铁男严重违纪违法问题进行了立案检查。经查，刘铁男利用职务上的便利为他人谋取利益，本人及其亲属收受巨额钱物；违规为其亲属经营活动谋取利益；收受礼金礼品；道德败坏。一般而言，利用职务之便谋取私利存在于各个领域，比如执法部门的贪赃枉法；人事管理部门的任人唯亲；财经管理上的占用、挪用、化公为私；物资管理上的侵吞私分，走私贩私；计划部门的权钱交易，索贿受贿；金融部门的以贷谋私，空股经商；企业部门

---

① 参见赵红文：《谈腐败的主要表现、根源与对策》，《河南社会科学》1997年第3期。
② 参见曹秀娟：《原运城公安局长段波太原受审》，《山西日报》2010年2月10日。

的收取回扣、损公肥私、弄权勒索等，不一而足①。

腐败表现之三：腐化堕落。主要表现为，政府公职人员在工作中铺张浪费、讲排场、比阔气；利用公款建造超标准住房、公款旅游、接受影响公务的宴请；不顾党政纪律和干部形象，以工作之名挥霍公款或利用他人贿赂追求物质和精神享受；在生活作风上无视道德规范，奢侈低俗。例如，2013 年 6 月 9 日，上海市高院民一庭副庭长赵明华接受上海建工四建集团有限公司综合管理部副总经理郭祥华邀请，前往南汇地区的通济路某农家饭店晚餐，赵明华又邀同事陈雪明、倪政文、王国军一同前往。晚餐后，以上 5 人又和 3 名社会人员一起，前往位于惠南镇的衡山度假村内的夜总会包房娱乐，接受异性陪侍服务。当晚，参与活动的一个社会人员从附近某养生馆叫来色情服务人员，赵明华、陈雪明、倪政文、郭祥华参与嫖娼活动。该事件曝光后，上述人员均受到不同程度的处罚②。

腐败表现之四：滥用特权。一般而言，很多政府部门都管理一定的行业，享有一定的管辖权，但这种被法律所赋予的权力却被权力行事者视为特权，甚至是私人工具。本来，这些权力应协调一致为经济与社会建设服务，但有些部门和人员却用它来为小团体和个人谋取利益，直接危害社会建设，侵害人民群众的利益。这方面的典型例子是"刘志军案"。原铁道部部长刘志军滥用职权，帮助北京博宥投资管理集团公司董事长丁羽心（又名丁书苗）获取巨额非法利益，造成重大的经济损失和恶劣的社会影响。北京市第二中级人民法院经审理查明，在 1986 年至 2011 年间，刘志军在担任郑州铁路局武汉铁路分局党委书记、分局长、郑州铁路局副局长、沈阳铁路局局长、原铁道部运输总调度长、副部长、部长期间，利用职务便利，为邵力平、丁羽心等 11 人在职务晋升、承揽工程、获取铁路货物运输计划等方面提供帮助，先后非法收受上述人员给予的财物共计折合人民币 6460 万余元③。

腐败表现之五：官僚主义。官僚主义主要指脱离实际、脱离群众、做官当

① 参见王秀强：《专案组详解刘铁男案》，《21 世纪经济报道》2015 年 1 月 1 日。
② 参见张先明：《最高法院通报赵明华陈雪明等法官违纪违法案件》，《人民法院报》2013 年 8 月 8 日。
③ 参见杜涛欣：《揭秘刘志军案》，《民主与法制时报》2013 年 4 月 22 日。

老爷的领导作风，如不深入基层和群众，不了解实际情况，不关心群众疾苦，饱食终日，无所作为，遇事不负责任；独断专行，主观主义地瞎指挥；弄虚作假，欺上瞒下，玩忽职守，失职渎职；人浮于事，敷衍塞责，互相推诿，拖拉扯皮等。"颠倒主仆，脱离群众"是官僚主义首要的、最本质的特征。例如，中央电视台《焦点访谈》栏目报道了深受官僚主义作风伤害的小周的遭遇。小周在北京工作，2012 年 10 月份公司要派他出国，需要办因私护照，由于在北京缴纳社保不到一年，按规定他必须回户口所在地河北省衡水市武邑县办理。可小周为了办护照，回了距北京 300 多公里外的老家多次，跑了大半年一直没有办下来。记者和小周一起来到了武邑县公安局出入境科。出入境科的办公室面对面坐着两位办事人员，其中一位一直看着报纸，头始终没有抬一下。小周已经是第五次来办护照了，前几次他都是无功而返，原因是材料不齐。小周补办的证明共包括无犯罪证明、公司在职证明、公司营业执照、公司外派人员资格证明、本地身份证。就是这 5 张证明，让他多跑 3000 公里。而记者在公安部网站了解到，像小周这样的普通公民办理因私护照，其实只需要提供身份证和户口本及复印件，说白了，上述办事人员让他补办的证明，除本地身份证，其他的其实都不需要①。

在一定程度上可以说，上述几种腐败现象或多或少存在于社会生活中。"腐败是社会的毒瘤"，正是因为腐败的毒瘤越来越严重，对社会"有机体"危害越来越大，在互联网迅速发展的过程中，民众对贪腐现象的揭发、检举才大量"爆发"出来。

（二）社会不满的累积与扩散

在缺少权力监督的情况下，腐败势必不断升级加剧，也必将引发更多的社会不满。但有些政府机构和官员应对民众不满的方式往往不是建立制度化的对话和疏导机制，而是通过"维稳"的方式把一些不满情绪和正当的利益表达打压下去，如"被跨省""被精神病"等已成为这种不当甚至违法行为的代名词。这种做法非但无助于社会秩序的维持，从长远来看，反而增加了社会的不稳定因素，陷入了所谓的"维稳怪圈"，即越"维稳"越"不稳"。这种打压民众表

① 参见王传涛：《办事不能光指望〈焦点访谈〉》，《河南日报》2013 年 10 月 15 日。

达声音和利益的权利的做法，会使消极的社会情绪不断积累和蔓延。

怨恨就是一种消极的社会情绪。怨恨产生的机制，简单来说就是受到挫折而心生怒气，但由于无能和软弱，或者由于恐惧和害怕，不能直接表现出来，或者必须压抑愤怒的情绪。这种隐忍就容易酿成怨恨，而且越是长期置身于受伤害的处境中，越是觉得这种处境超出自己的控制，怨恨就越深。在真正的怨恨中，并没有情感上的满足，有的只是持久的愤怒和痛苦。目前我们社会中零星爆发但却骇人听闻的恶意犯罪和反社会性行为，多由怨恨所致。这种怨恨情绪产生的结构性根源，主要是利益格局相对固定化，社会差异显明化，个人向上流动的机会受到阻滞，利益诉求难以表达，基本权利得不到保障，等等。又由于"体制性迟钝"，对于民众的社会性伤痛不能有效及时地予以回应，久而久之，势必萌生怨恨①。

（三）腐败暴露或网络反腐信息的出现

虽然腐败问题会造成社会不满甚至怨恨，但这些不满与怨恨并不能总是形成腐败的反作用力，因为相对于公共权力而言，民众尤其是弱势群体的博弈能力是较为单薄的，所以，出于成本与收益的考虑，很多民众会选择隐忍。不过，随着互联网对社会生活的影响越来越大，民众可以通过互联网表达自己所遭受的不公正对待，在网上揭发检举腐败官员，希望通过引发社会关注和制造舆论压力来抨击乱象、表达不满。因此，近些年来，确实有一些腐败官员是因为互联网上的揭发举报信息而落马的。网络反腐有时始于带有偶然性的事件，该事件在互联网上迅速传播，引发公众热议，进而引起相关主管部门或监督机构的注意，本章引言部分提及的"杨达才事件"便是鲜活的例证。

（四）纪检部门介入与官员受处

网络舆论热烈讨论的腐败人物或事件，加上网友提供的证据，构成对腐败人物所在机构和纪检部门的舆论压力，继而导致正式调查以及腐败官员受处分甚至落马。在这个意义上，网络反腐虽然不能决定最后的反腐结果，但在产生社会舆论压力，督促纪检部门关注和介入上，发挥巨大作用。

以"杨达才事件"为例，在网络舆论的巨大压力之下，2012年9月21日，

---

① 成伯清：《"体制性迟钝"催生"怨恨式批评"》，《人民论坛》2011年第18期。

陕西省经过调查研究决定：撤销杨达才陕西省第十二届纪委委员、省安监局党组书记、局长职务。西安市人民检察院公诉认为：杨达才身为国家机关工作人员，在任陕西省安监局局长期间，利用职务之便为他人谋取利益，先后三次非法收受他人 25 万元人民币。被告人杨达才的财产、支出明显超过其合法收入，有 504.5 万元无法说明来源，其行为已触犯《中华人民共和国刑法》第三百八十五条、第三百八十三条、第三百九十五条之规定，应以受贿罪、巨额财产来源不明罪追究其刑事责任，并予以数罪并罚。根据《中华人民共和国刑法》第一百七十二条之规定，提请法院依法审判。

2013 年 8 月 30 日，西安市中级人民法院公开开庭审理被告人杨达才受贿、巨额财产来源不明一案。杨达才自述财产来源：理财收入 40 多万元，投资赚 140 多万元。对于 500 多万元的财产来源不明，杨达才说："应该是过年过节下属或者同学送礼，不知其目的。"杨达才在最后陈述中说，自己犯了罪，愿认罪伏法。2013 年 9 月 5 日 9 时 30 分，杨达才受贿、巨额财产来源不明案在西安市中级人民法院一审公开宣判。杨达才犯受贿罪，判处有期徒刑 10 年，并处没收财产 5 万元，犯巨额财产来源不明罪，判处有期徒刑 6 年，决定执行有期徒刑 14 年。受贿赃款和巨额财产来源不明赃款依法没收上缴国库。至此，"一张网络照片引发的腐败案"落下帷幕。

（五）反腐行动的社会威慑力

网络反腐是互联网时代群众监督、舆论监督的新形式。通过互联网平台，许多看似普通的事件，都可能成为网民评头论足的焦点。网络反腐容易制造社会轰动效应，能够产生巨大的舆论影响力，进而引起政府部门的重视，推动相关职能部门提高工作质量和效率。这也说明，人民群众中不仅孕育着推动经济发展的巨大力量，也蕴含着监督权力、反对腐败、推动党风廉政建设的能量。腐败分子生活在人民群众中间，其一言一行司法机构、纪检部门未必都能注意到的，却逃不脱广大普通民众的眼睛。相对于司法机构与纪检部门高悬反腐利剑和正面出击而言，网络反腐呈现出的是另一种力量，即一种舆论压力和社会威慑力，互联网成了很多腐败官员的"死敌"。即使由网络媒体揭发的腐败案暂时没有被查处，也会对腐败者甚至更多潜在的腐败官员产生震慑作用。

五、网络反腐的社会意义

互联网为民众的表达权、知情权、监督权的实现提供了重要场所。民众的网络表达和网络反腐，有利于推动利益格局的平衡，释放不满情绪，重建社会公信力，进而在根本上有利于营造和谐的社会氛围、推动和谐社会的建构。

网络反腐改变了传统权力运行上下脱节的困局，使民众和政府充分联系起来，有助于整合民众的智慧和意见，使信息流通更加顺畅，进而有利于减少腐败现象，形成一个良性互动的社会环境。

（一）有利于平衡利益格局

改革开放以来，随着社会主义市场经济的不断发展，市场经济的竞争性和交换性特征，促使我国由单一同质的社会向多元异质的社会转变，加速了社会分化为不同的阶层。这些社会阶层占有不同的社会资源、政治资源和经济资源，形成不同的利益结构。多元的利益阶层、多样的利益结构，使不同的网络主体往往具有不同的利益诉求。政治腐败的一个重要后果是占有和垄断大量社会资源，造成社会利益结构失衡，而社会资源的有限性决定了民众必须通过利益表达去争取和实现利益诉求。

为了调节利益结构，实现利益均衡，需要通过更新政治理念、健全和完善反腐机制，使民众能够通过多种渠道表达合理的利益诉求。这就需要使民众对公共事务特别是关系到其切身利益的公共政策的制定，享有较为充分地知情权、表达权、参与权和监督权。在传统反腐中，政府官员的职业性质、社会地位和社会资源优势，决定了他们在公共媒体上处于主导地位，这样广大民众的反腐话语权的空间就受到较大限制。随着博客、微博、微信、社交网站等的快速发展，这些社会化媒体为公众提供了一个表达意见的宽广平台。在这样的背景下，网络反腐的兴起在一定程度上改变了政府所处的舆论环境，信息和舆论力量挑战了公共权力膨胀所造成的话语和资源垄断的局面。

（二）有利于释放社会不满情绪

长期存在的腐败问题，关系广大人民群众的切身利益，容易点燃民众的不满情绪。有研究指出，很多身处社会底层的网民"背负着制度与结构变迁的代价，却没有真正享受到发展的成果，成为一个沉默无助的群体。而网络在一定程度上给了这些人以表达自己利益诉求，乃至怨愤和不满情绪的场所，由于现实生活中共同的遭遇、境况和情绪淤积，只要网络上出现相同或相似境况的事件发生，虽然与自己没有本质性的直接或间接利益冲突，也容易产生心理上的共振"。①

怀有不满情绪的个体民众，有时难以通过制度化方式表达利益、释放不满，只有借助于大规模的舆论压力，才能触动既有的腐败问题，引起权力机关的重视和回应。互联网的兴起在一定程度上也是平民舆论或草根舆论的兴起，这种舆论真实地反映了社会心理和社会情绪，是社会发展的风向标。较为充分的表达自由，不仅有利于激活民众的政治参与活动，对偏离正常渠道的权力运作发挥监督警示作用，对某些不良社会现象发挥谴责威慑作用，而且有利于释放社会中的不满情绪，消除不稳定因素。一言以蔽之，互联网既是反腐的利器，又是民众释放不满情绪的"安全阀"。

（三）有利于重建社会公信力

所谓社会公信力，是指国家机关或公共服务部门在处理社会公共事务中所具备的为社会公众所认同和信任的影响能力，也是民众在社会生活中对社会组织体系、社会政策实施以及其他社会性活动的普遍认同感、信任度和满意程度。在我国的某些地区或领域，政治决策过程封闭、暗箱操作的情况时有发生，社会不公正现象屡见不鲜，民众对政府的信任度下滑，公众利益得不到及时保障。对政府信任的流失以及利益保障机制的缺失，造成人们在生活中缺少安全感，甚至产生了内心的挫折感和焦虑感。因此，在腐败问题的背后，实际上潜存着公共权力信任缺失所带来的不安的焦虑情绪。

互联网成为传递民众情绪和民意的重要场所，网民已成为举足轻重的社会群体，网络舆情也已成为重要的社情民意。互联网成为民众和政府部门进行沟通交流的重要渠道，使政府与民众的距离不再遥远，能够推动官民之间的对话，提高民意在政府运作中的分量。坚持网络反腐可以充分发挥广大民众在反腐倡廉建设中的主体作用，激发广大民众的主体意识，以主人翁的精神和态度投身

---

① 喻国明主编：《中国社会舆情年度报告（2010）》，人民日报出版社 2010 年版，第 258 - 259 页。

于反腐倡廉建设中。广大民众可以通过最简便的上网等形式参政、议政，尤其是及时地揭露、批评各类公务员特别是领导干部的腐败行为。这有利于在全社会形成群策群力之势，预防和惩治腐败现象，进而有利于社会公信力建设。

（四）有利于营造和谐的社会氛围

改革开放 30 多年来，我国在政治、经济、文化等方面都取得了可喜的成绩，但在社会结构转型的过程中也累积了很多社会矛盾和问题，如企业改制、房屋拆迁、土地征用、教育改革、社会保障、环境保护等领域的诸多问题，并没有随着改革的推进而得到圆满的解决。与此同时，政府部门存在的不作为和乱作为现象，如乱收费、征地拆迁补偿不合理、司法不公正、执法粗暴等，都大大增加了官民冲突的可能性；政府的错误决策、不当作为，加深了民众对政府的不信任，加剧了官民关系的紧张。

在一定程度上，网络反腐彰显了网络空间中官民在信息权力上的"平等"。也就是说，在网络空间中，官民身份的不同、地位的区别相对淡化，这种差别主要表现为占有信息的不同。无论是政府官员，还是普通公众，都可以直面腐败现象。在网络空间中，普通民众可能在获得"平等"地位之后，减少对权力的胆怯心理，较为自由地表达想法和利益。网络平台可以将所有网民的评论在短时间内聚集起来，形成强大的社会舆论，对政府官员和腐败分子产生警告和震慑作用，同时也促使反腐职能部门介入到相关事件的调查中，并快速开展反腐工作。这使得网络反腐在推进反腐倡廉建设、促进官民关系良性发展中发挥巨大作用，从而有利于我国社会主义和谐社会的构建。

六、网络反腐的限度

我们需要对网络反腐有比较明确的认识和定位，减少其消极作用，使其发挥更积极的功能。因此，需要思考和处理好几对关系，明确网络反腐的限度。

（一）网络反腐中的几对关系

首先是网络反腐与传统反腐的关系。传统反腐主要是指制度反腐，是以法律和制度的手段制约和监督权力的行使来反对腐败的一种治理方式。制度反腐方式是权力监督的基础，是反腐倡廉的根本保证。制度反腐存在一定的现实困境，如制度在现实操作中可能存在纰漏，制度与人情交织，存在"走后门""官官相护"等现象。对于制度反腐的局限性，网络反腐作为权力监督的新形式，在一定程度上弥补了制度反腐的局限。

　　不过，在网络反腐的进程中，由于网络自身有一定的虚拟性，网络信息来源的不可控制性，网民分布的分散性，网民知情权的有限性等，许多腐败问题没有或无法通过互联网揭露出来，或导致侵犯他人隐私、诽谤他人等后果，或部分网络反腐演变成网络暴力事件。另一方面，相对于向纪检部门等的举报而言，有些网络反腐在一定程度上是依靠网络舆论的力量给纪检部门施压，在一定意义上反映的是对个别基层纪检部门独立反腐的不信任①。在信息繁杂的互联网时代，互联网的空间也不是无限的，还有很多腐败问题没有或无法通过互联网揭露出来。此外，网络反腐毕竟只是一种事后监督，而更重要的是，反腐要在根本上减少甚至杜绝贪腐行为存在可能性。

　　所以，问题是如何规范反腐的网络机制，通过何种方式使得作为"软监督"的网络反腐与"硬实力"的制度反腐有效对接，从而完善我国的反腐制度。下表是网络反腐与传统反腐方式的比较。

表 12-1　网络反腐与传统反腐方式的比较②

	网络反腐	传统反腐
反腐方式	网络举报（电子材料）、揭露、曝光、评论；网络反腐倡廉教育；网络信息公开防腐	上访、信访、检举（书面材料）；政府反腐机构调查；传统媒介反腐倡廉宣传教育，信息公开防腐
反腐载体	文字、图片、音频、视频，形式丰富生动	主要是文字和图片，形式相对单一

---

① 齐杏发：《网络反腐的政治学思考》，《政治学研究》2013 年第 1 期。
② 参见陈国营、王河江、许琼：《网络反腐败的有效性与有限性——一个制度分析的框架》，《中共宁波市委党校学报》2003 年第 2 期。

续表

	网络反腐	传统反腐
参与性	举报人；网民；反腐机构，比较广泛	主要局限于有限的举报人；反腐机构，范围相对较小
匿名性	隐匿性较高	隐匿性较低
互动性	互动性强	互动性差
反腐成本	快捷、快速，风险相对小，成本较低	过程繁复，成本较高，风险相对大
侵权情况	信息真伪辨别相对较难，责任人不明确，容易侵犯隐私与名誉	信息真伪相对容易，责任人责任明确，侵权相对较少

　　实现网络反腐与非网络反腐的有效对接，全面提升反腐倡廉的质量，是我国反腐事业所面临的迫切问题之一。要实现二者的和谐互动，需要从以下几个方面进行：第一，将网络反腐具体工作纳入到制度反腐等非网络反腐整体框架和程序中。第二，加强网络反腐的法制化建设，相关部门制定法律法规来规范网络管理与网络监督行为，使网络反腐走上法制轨道。第三，建立健全反腐倡廉网络举报和受理机制、网络信息收集和处置机制。第四，创设网络反腐与制度反腐互动的载体，尽快建立一支既懂得制度反腐又懂得网络反腐（如计算机网络技术、信息技术应用）的专业反腐队伍[1]。

　　其次是治标与治本的关系。网络反腐从其性质来说是一种腐败发生后的监督行为，从其一般逻辑来看，官员渎职滥权引发社会的不满情绪，民众通过网络揭发官员的腐败行为，网络的信息传播广、速度快、可复制、易渲染性等特征，使得举报信息迅速扩散并形成网络舆论效应，引起纪检部门的注意或介入调查，从而对腐败分子给予法律惩治。从中我们可以看到，由于网民的参与是针对官员或事件进行发言、分析、讨论的，是在腐败行为发生后的监督与制约。但是，反腐倡廉工作，更重要的还是治本，遏制腐败的根源。

　　就治标和治本的关系而言，治标是严惩各种腐败行为，用法律惩罚与思想

---

① 参见田旭明：《制度反腐与网络反腐的互动互促》，《理论探索》2013 年第 3 期。

教育相结合的方式治理腐败行为，为反腐败治本创造前提条件。治本是从根源上预防和治理腐败现象，巩固和发展反腐败的已有成果，从根本上解决腐败问题。① 反腐败必须坚持标本兼治、综合治理的战略方针，既注重从源头上防治腐败，也要加大对腐败行为的惩罚与教育力度。把二者有机结合起来，才能有效地遏制腐败现象。

因此，必须加强权力的监督制衡，尤其是真正赋予民众监督、制约公共权力的权利。这就需要建立一些机制：第一，政务信息公开机制，保障公民的知情权，为监督制衡创造基本条件。第二，诉求表达机制，保障公民监督公共权力的参与权。在涉及公众利益的问题上，以听证、表意、监督、举报等方式向公众提供表达的渠道。第三，体制内外官民互动机制，保障官民之间的有效沟通。民众提出质疑或建设性措施时，官方要及时给予关注与反馈；官方定期体察民情、关注百姓，促进官民之间的理性对话。

再次是法律与民意的关系。众所周知，在反腐过程中要了解民意、尊重民意，民众提供的腐败线索要及时给予回应。但是，"举报难"仍是我国目前反腐事业存在的普遍而难以解决的问题，相关部门对举报者的不理不睬、压制限制，甚至腐败分子对其打击报复的现象也时有发生②。因此，如何平衡利益格局，完善各利益群体的表达机制是一个重要的问题。另一方面，也要注意和反思民意的非理性问题。伴随互联网的飞速发展，网络成为民众表达心声、发泄情绪的重要场所，民意在一定程度上得到了表达，其对于反腐也具有积极的作用，但是我们也会发现民意往往具有非理性的一面，尤其是匿名性很强的网络民意。在网络空间中，民意的表达是基于一群人因临时性事件或议题而迅速集中起来的具有相同心理特征和强烈非理性特征的利益诉求，带有一定程度的"从众效应"和"多数人暴政"的特点，有时很难理性、公正地评价既定事实。

因此，反腐必须要依据法律法规，使反腐斗争有法可依，法律法规建设是

① 参见齐东杰：《制度反腐·标本兼治·体系建构》，《安徽行政学院学报》2011年第6期。
② 参见周罗庚、夏禹龙：《从人治反腐转向制度反腐》，《科学社会主义》2006年第4期。

反腐倡廉的强大武器。邓小平同志曾强调指出："对干部和共产党员来说，廉政建设要作为大事来抓。还是要靠法制，搞法制靠得住些。"① 又如有论者言："网络反腐需要法制制度的支持，没有法律的规范与认可，网络反腐始终是游离于正规反腐倡廉体制、机制外的'编外人员'，缺乏权威性、稳定性和认同度。腐败'出生率'大于'死亡率'问题的最终落点，依旧是基于建设民主政治背景之下的法治诉求。"②

最后是短效与长效的关系。新时期的网络反腐在打击腐败势力方面起到很大作用，从中我们可以看到网络反腐的迅速性与广泛性，和党的新一届领导集体对治理腐败问题的决心和信心。但是这种腐败发生后的监督和惩治，是一种"短效"的反腐机制，"单纯的惩治，只能解决'不敢腐败'的问题，而程序法治，才能解决'不能腐败'的问题。事实上，没有程序法治，单纯惩治连'不敢腐败'也不可能真正解决。"③ 因此，可能的情况是，在"网络反腐风暴""运动式反腐"当中，一些人有所收敛，但往往风头一过便死灰复燃。

网络反腐不能停留于"运动式反腐"的层面，而应纳入某种形式的制度化机制。从法律和制度的形式上看，中国已经建立了比较完善的反腐败的制度体系，先后建立的反腐机构主要包括纪委（1949 年）、监察部（1954 年）、最高人民检察院设立的反贪反贿赂总局（1995 年）、中纪委、中组部专门的巡视工作机构（2003 年）、国家预防腐败局（2007 年）等。有关反腐的立法、政策和文件也不胜枚举。在此基础上，近年来反腐倡廉取得了一定成效。

（二）网络反腐的限度

如前所述，作为网络化背景下反腐新形式的网络反腐，在新时期我国的反腐事业中发挥日益重要的作用，其对缓解社会矛盾、平衡利益格局、重建社会公信力等方面都具有积极的意义。然而，我们也不可否认，由于互联网空间的有限性，网络反腐也存在一定的局限性。

第一，社会结构的制约。我国城乡结构的特征会影响网络反腐的限度。截

---

① 邓小平：《邓小平文选》（第 3 卷），人民出版社 1993 年版，第 379 页。
② 参见杨耕身：《"网络反腐"：愈神话愈虚拟》，《东方早报》2009 年 12 月 25 日。
③ 参见庄庆鸿：《反腐风暴劲刮　更待制度构建》，《中国青年报》2012 年 12 月 15 日。

至2016年6月，我国网民中农村网民占比26.9%，规模为1.91亿；城镇网民占比73.1%，规模为5.19亿，较2015年底增加2571万人，增幅为5.2%。农村互联网普及率保持稳定，截至2016年6月为31.7%。但是，城镇地区互联网普及率超过农村地区35.6个百分点。截至2016年12月，我国城镇地区互联网普及率为69.1%，农村地区互联网普及率为33.1%，城乡普及率较2015年扩大为36%，城乡差距仍然较大①。

虽然农村互联网的发展也比较快，但远没有城市那样发达，而且在网络反腐中所发挥的作用也没有城市那样明显。比如，"杨达才事件"中网友所搜出来的名表、腰带、眼镜等，如果对城市消费环境不熟悉，是很难识别出这些商品的品牌和价格的。此外，近几年网络上曝光的腐败官员，很多是巨贪高官，他们手中握有重要的权力，其腐败性质比较严重。而对于农村的基层干部腐败，其新闻效应和腐败后果似乎不及"巨贪"大，因而也难以在互联网上产生重大影响。同时，在政府权力面前，农民的博弈能力相对较弱，他们更容易受到腐败的侵害，这样一来，网络反腐难以有效地解决他们所遭遇的问题。

第二，网络反腐中的信息识别与隐私保护问题。网络反腐的技术优势也决定了它的局限性。网络反腐具有一定匿名性，信息量大、信息来源复杂，这给官方反腐机构的网络腐败信息的收集和鉴别造成困难。在实践上网络反腐的尺度难以把握，而且难以追究相关方的责任，或者追究成本比较高。在法律层面，网络反腐的法律边界缺乏明确的界定，如果网络反腐信息的发布者责任感弱、自律性差、法律意识淡薄，可能会导致网络揭露、评论与跟踪、人肉搜索侵犯当事人的隐私权和名誉权。

第三，网络反腐与法制之间的张力问题。我国缺少对网络反腐的法律层面的定义，对于举报者与被举报者之间的权利义务并没有明确界定，既缺乏滥用网络监督权利的惩罚措施，也没有妨碍网络监督权利行使的制裁措施。同时，我国在网络信息规范使用方面的法律条文有限，呈现出不具开放性和缺乏操作性等特点。另一方面，由于参与网络举报的很多网民并不具备充分的法律知识，

---

① 参见中国互联网络信息中心：《中国互联网络发展状况统计报告》（第38次），2016年8月3日；《中国互联网络发展状况统计报告》（第39次），2017年1月22日。

加之网络媒体报道的夸张性和片面性，很容易出现群体倾向性的意见。网民自觉或不自觉地对腐败案件进行无意识审判，往往迫使纪检部门在最短时间内做出调查，并公布调查结果，以迎合舆论需要。网民强大的舆论气氛也会给审理案件的法官、陪审员施加某种看不见的压力，在一定程度上可能影响司法的公正性，甚至存在将反腐的程序正义扭曲的危险。如果网络反腐环境无序，还可能导致恶意攻讦、以讹传讹、恶意中伤等情况发生。

第四，网络反腐的对象选择问题。重要的网络事件往往具有新闻效应，也就是说，往往是那些具有轰动效应或娱乐效应的事件更容易引起广泛注意。在网络反腐的过程中，被揭发检举的主要是高官或消费奢侈、生活作风严重腐化的官员。这些贪腐官员所贪污的财产和腐化事实往往被大众"娱乐化"，如有多少个情妇，戴过多少名表，有多少套住房，和多少明星过往甚密等。从这个意义上说，网络反腐只是对部分官员的反腐，在反比较典型的腐败官员的同时，容易放过更多地以其他形式腐败和不炫富的腐败官员，而后者才是腐败的主要群体。虽然互联网在传播信息上具有快捷高效的优势，但网络上的举报信息铺天盖地，能引起网友关注、最终发展成为网络公共事件并使纪检部门介入的，只是非常小的一部分。网络反腐的这种特点，注定了其主要只能针对部分官员，那些作风低调的"狡猾"官员，或者是腐败行为难以升级为网络公共事件的官员，则可能在网络反腐的过程中"逃之夭夭"。

七、结语

网络反腐是互联网快速发展背景下反腐的新形式。就转型期的中国社会而言，网络反腐有着深刻的社会背景：一是中国在快速、稳定的经济增长过程中，出现了很多社会问题；二是不平衡的利益格局，促使民众需要通过某种渠道表达意见或不满；三是互联网的技术逻辑改变了民众的生活方式和社会参与方式。新时期网络反腐的社会意义在于，有利于平衡利益格局、释放社会不满情绪、重建社会公信力、营造和谐的社会氛围等。

在互联网迅速发展的时代，网络反腐是民众表达利益诉求、监督公共权力、参与政治生活的重要方式。在构建社会主义和谐社会的过程中，政府应该因势利导，发挥互联网的舆论监督作用，促进党群交流、官民互动，营造社会共识和社会凝聚力。我们可以预期，互联网在未来的反腐事业中将长期发挥重要作用。

参考文献

一、著作

［德］霍克海默、阿道尔诺：《启蒙辩证法：哲学断片》，渠敬东、曹卫东译，上海人民出版社 2003 年版。

［德］马克斯·韦伯：《经济与社会》，阎克文译，上海人民出版社 2010 年版。

［德］马克斯·韦伯：《新教伦理与资本主义精神》，苏国勋等译，社会科学文献出版社 2010 年版。

［德］齐美尔：《金钱、性别、现代生活风格》，顾仁明译，华东师范大学出版社 2010 年版。

［德］乌尔里希·贝克、约翰内斯·威尔姆斯：《自由与资本主义》，路国林译，浙江人民出版社 2001 年版。

［德］乌尔里希·贝克：《风险社会》，何博闻译，译林出版社 2004 年版。

［法］波德里亚：《消费社会》，刘成富、全志钢译，南京大学出版社 2001 年版。

［法］布迪厄、华康德：《实践与反思——反思社会学导引》，李猛、李康译，中央编译出版社 2004 年版。

［法］迪尔凯姆（涂尔干）：《社会学方法的准则》，狄玉明译，商务印书馆 1995 年版。

［法］迪尔凯姆（涂尔干）：《自杀论》，冯韵文译，商务印书馆，1996 年版。

［法］居伊·德波：《景观社会》，王昭凤译，南京大学出版社 2006 年版。

［法］米兰·昆德拉：《不能承受的生命之轻》，许钧译，上海译文出版社 2003 年版。

［法］涂尔干：《社会分工论》，渠东译，生活·读书·新知三联书店 2000 年版。

［法］涂尔干：《职业伦理与公民道德》，渠东、付德根译，商务印书馆 2015 年版。

［法］涂尔干：《社会学与哲学》，梁栋译，上海人民出版社 2002 年版。

［法］涂尔干：《宗教生活的基本形式》，渠东、汲喆译，上海人民出版社1999年版。

［法］托克维尔：《论美国的民主》（上、下），董果良译，商务印书馆1988年版。

［加］麦克卢汉：《理解媒介——论人的延伸》，何道宽译，商务印书馆2000年版。

［捷］赫拉巴尔：《过于喧嚣的孤独》，杨乐云译，北京十月文艺出版社2011年版。

［美］贝克尔：《局外人：越轨的社会学研究》，张默雪译，南京大学出版社2011年版。

［美］丹尼尔·贝尔：《资本主义文化矛盾》，赵一凡等译，生活·读书·新知三联书店1989年版。

［美］弗罗姆：《逃避自由》，刘林海译，国际文化出版公司2007年版。

［美］卡斯特：《网络社会的崛起》，夏铸九等译，社会科学文献出版社2001年版。

［美］里茨尔：《社会的麦当劳化》，顾建光译，上海译文出版社1999年版。

［美］理斯曼：《孤独的人群》，王崑、朱虹译，南京大学出版社2002年版。

［美］刘易斯·科塞：《社会冲突的功能》，孙立平译，华夏出版社1989年版。

［美］马尔库塞：《单向度的人——发达工业社会意识形态研究》，张峰、吕世平译，重庆出版社1988年版。

［美］米尔格拉姆：《对权威的服从》，新华出版社2013年版。

［美］米尔斯：《社会学的想象力》，陈强、张永强译，生活·读书·新知三联书店2001年版。

［美］乔纳森·特纳：《人类情感：社会学的理论》，孙俊才、文军译，东方出版社2009年版。

［美］瑞泽尔：《后现代社会理论》，谢立中等译，华夏出版社2003年版。

［美］托夫勒：《第三次浪潮》，朱志焱等译，生活·读书·新知三联书店1984年版。

［英］吉登斯：《现代性的后果》，田禾译，译林出版社2000年版。

［英］吉登斯：《现代性与自我认同》，赵旭东、方文译，生活·读书·新知三联书店1998年版。

［英］齐格蒙特·鲍曼：《流动的现代性》，欧阳景根译，上海三联书店2002年版。

［英］齐格蒙特·鲍曼：《现代性与大屠杀》，译林出版社2002年版。

陈敏、孙立平：《超越稳定　重建秩序——孙立平访谈录》，孙立平《重建社会——转型社会的秩序再造》，社会科学文献出版社2009年版。

程延园：《员工关系管理》，复旦大学出版社2004年版。

邓小平：《邓小平文选》（第3卷），人民出版社1993年版。

方文：《转型心理学》，社会科学文献出版社 2014 年版。

费孝通：《乡土中国　生育制度》，北京大学出版社 1998 年版。

费孝通：《乡土中国》，人民出版社 2015 年版。

郭景萍：《情感社会学：理论·历史·现实》，上海三联书店 2008 年版。

黄光国：《人情与面子：中国人的权力游戏》，黄光国、胡先缙等：《中国人的权力游戏》，中国人民大学出版社 2004 年版。

金耀基：《从传统到现代》，中国人民大学出版社 1999 年版。

匡文波：《网络传播学概论》，高等教育出版社 2001 年版。

刘少杰主编：《当代国外社会学理论》，中国人民大学出版社 2009 年版。

刘少杰主编：《中国网络社会研究报告（2011－2012）》，中国人民大学出版社 2013 年版。

沙莲香编：《社会心理学》（第二版），中国人民大学出版社 2006 年版。

申金霞：《自媒体时代的公民新闻》，中国广播电视出版社 2015 年版。

孙立平：《断裂——20 世纪 90 年代以来的中国社会》，社会科学文献出版社 2003 年版。

孙立平：《现代化与社会转型》，北京大学出版社 2005 年版。

孙立平：《重建社会——转型社会的秩序再造》，社会科学文献出版社 2009 年版。

孙立平：《转型与断裂——改革以来中国社会结构的变迁》，清华大学出版社 2004 年版。

王建民：《流动的城乡界线》，光明日报出版社 2012 年版。

王俊秀：《社会心态理论——一种宏观社会心理学范式》，社会科学文献出版社 2014 年版。

吴伯凡：《孤独的狂欢——数字时代的交往》，中国人民大学出版社 1998 年版。

阎云翔：《私人生活的变革：一个中国村庄里的爱情、家庭与亲密关系 1949－1999》，龚小夏译，上海书店出版社 2006 年版。

叶南客：《边际人——大过渡时代的转型人格》，上海人民出版社 1996 年版。

喻国明主编：《中国社会舆情年度报告（2010）》，人民日报出版社 2010 年版。

袁方等：《社会学家的眼光：中国社会结构转型》，北京出版社 1998 年版。

张德胜：《儒家伦理与社会秩序——社会学的诠释》，上海人民出版社 2008 年版。

二、期刊论文

《互联网与政府：改变政府治理模式　促其创新公共服务》，《创新时代》2014 年第 12 期。

鲍泓、徐媛君：《当前中国网络反腐现状及完善措施》，《人民论坛》2012 年第 5 期。

陈佳贵：《调整和优化产业结构　促进经济可持续发展》，《中国社会科学院研究生院学报》2011 年第 2 期。

陈家喜：《弹性维稳模式消解群体冲突》，《人民论坛》2011 年第 S2 期。

成伯清：《"体制性迟钝"催生"怨恨式批评"》，《人民论坛》2011 年第 18 期。

成伯清：《从嫉妒到怨恨——论中国社会情绪氛围的一个侧面》，《探索与争鸣》2009 年第 10 期。

成伯清：《怨恨与承认——一种社会学的探索》，《江苏社会科学》2009 年第 5 期。

程琳：《加强网络社会治理　创建文明网络环境》，《中国人民公安大学学报》2014 年第 3 期。

郝大海、王磊：《地区差异还是社会结构性差异？——我国居民数字鸿沟现象的多层次模型分析》，《学术论坛》2014 年第 12 期。

何哲：《网络社会治理的若干关键理论问题及治理策略》，《理论与改革》2013 年第 3 期。

李斌、张轶炳：《论网络反腐的有效性和规范性》，《中共福建省委党校学报》2012 年第 2 期。

李国清、杨莹：《网络反腐研究：主要问题与拓展方向》，《理论与改革》2013 年第 1 期。

李克强：《政府工作报告——2015 年 3 月 5 日在第十二届全国人民代表大会第三次会议上》，人民出版社 2015 年版。

李培林：《另一只看不见的手：社会结构转型》，《中国社会科学》，1992 年第 5 期。

李培林：《再论"另一只看不见的手"》，《社会学研究》1994 年第 1 期。

李炜：《网络公共信息传播的动力分析》，《青年记者》2013 年第 11 期。

李永洪：《新时期增强我国网络反腐实效的对策探析》，《兰州学刊》2010 年第 1 期。

刘少杰：《发展的社会意识前提——社会共识初探》，《天津社会科学》1991 年第 6 期。

刘少杰：《网络化时代的权力结构变迁》，《江淮论坛》2011 年第 5 期。

刘少杰：《网络化时代的社会结构变迁》，《学术月刊》2012 年第 10 期。

刘少杰：《网络化时代社会认同的深刻变迁》，《中国人民大学学报》2014 年第 5 期。

刘胜枝、王画：《非常规突发事件中微博舆论的"蝴蝶效应"——以"雷政富不雅视频事件"为例》，《北京邮电大学学报》（社会科学版）2014 年第 3 期。

刘秀秀：《网络动员中的国家与社会——以"免费午餐"为例》，《江海学刊》2013 年第 2 期。

陆学艺：《当代中国社会结构与社会建设》，《北京工业大学学报》（社会科学版）2010 年第 6 期。

彭晓薇：《论网络反腐》，《求实》2011 年第 3 期。

齐东杰：《制度反腐·标本兼治·体系建构》，《安徽行政学院学报》2011 年第 6 期。

齐杏发：《网络反腐的政治学思考》，《政治学研究》2013 年第 1 期。

清华大学社会学系社会发展研究课题组：《"维稳"新思路：利益表达制度化，实现长治久安》，《南方周末》2010 年 4 月 15 日。

清华大学社会学系社会发展研究课题组：《"中等收入陷阱"还是"转型陷阱"?》，《开放时代》2012 年第 3 期。

宋辰婷、刘少杰：《网络动员：传统政府管理模式面临的挑战》，《社会科学研究》2014 年第 5 期。

孙健：《生态文明视野下中国政府治理探析》，《求是》2008 年第 10 期。

孙立平：《警惕精英寡头化和下层民粹化》，《领导文萃》2006 年第 6 期。

孙立平：《转型社会的秩序再造》，《学习月刊》2011 年第 7 期。

孙立平：《资源重新积聚背景下的底层社会形成》，《战略与管理》2002 年第 1 期。

田旭明：《制度反腐与网络反腐的互动互促》，《理论探索》2013 年第 3 期。

王建民：《社会分化：从结构到心态》，《社会学家茶座》2011 年第 2 辑。

王建民：《社会转型中的象征二元结构——以农民工群体为中心的微观权力分析》，《社会》2008 年第 2 期。

王建民：《想象的征服——网络民意背后的社会结构》，《社会学家茶座》2011 年第 4 辑。

王建民：《"网购"与消费社会的支配逻辑》，《新视野》2016 年第 6 期。

王俊秀：《社会心态：转型社会的社会心理研究》，《社会学研究》2014 年第 1 期。

王俊秀：《社会心态的结构与指标体系》，《社会科学战线》2013 年第 2 期。

王小章、冯婷：《论怨恨：生成机制、反应及其疏解》，《浙江社会科学》2015 年第 7 期。

王小章：《关注"中国体验"是中国社会科学的使命》，《学习与探索》2012 年第 3 期。

王小章：《论焦虑——不确定时代的一种基本社会心态》，《浙江学刊》2015 年第 1 期。

徐建伟：《当前我国产业结构升级的外部影响及对策》，《经济纵横》2014 年第 6 期。

阎云翔：《差序格局与中国文化的等级观》，《社会学研究》2006 年第 4 期。

杨宜音：《个体与宏观社会的心理关系：社会心态概念的界定》，《社会学研究》2006 年第 4 期。

叶皓：《论政府的新闻议程设置》，《江海学刊》2009 年第 6 期。

叶珏、范明林：《网购"超级垃圾"：都市青年白领高压力的释放》，《中国青年研究》2013 年第 8 期。

于建嵘：《泄愤源于社会不公》，《南方人物周刊》2011 年第 20 期。

张景龙、李端生：《网络传播中社会情绪表达问题研究》，《吉首大学学报》2008 年第 4 期。

张康之、程倩：《网络治理理论及其实践》，《公共管理科学》2010 年第 6 期。

张康之：《论主体多元化条件下的社会治理》，《中国人民大学学报》2014 年第 2 期。

张维平、魏伟：《信息化时代我国完善网络反腐的政府作为》，《重庆邮电大学学报》2010 年第 9 期。

赵红文：《谈腐败的主要表现、根源与对策》，《河南社会科学》1997 年第 3 期。

赵立昌：《互联网经济与我国产业转型升级》，《当代经济管理》2015 年第 12 期。

郑杭生、郭星华：《中国社会的转型与转型中的中国社会——关于当代中国社会变迁和社会主义现代化进程的几点思考》，《浙江学刊》1992 年第 4 期。

郑中玉、何明升：《"网络社会"的概念辨析》，《社会学研究》2004 年第 1 期。

周罗庚、夏禹龙：《从人治反腐转向制度反腐》，《科学社会主义》2006 年第 4 期。

周晓虹：《"中国经验"与"中国体验"》，《学习与探索》2012 年第 3 期。

周晓虹：《文化反哺与器物文明的代际传承》，《中国社会科学》2011 年第 6 期。

周晓虹：《中国人社会心态六十年变迁及发展趋势》，《河北学刊》2009 年第 5 期。

周晓虹：《转型时代的社会心态与中国体验——兼与〈社会心态：转型社会的社会心理研究〉一文商榷》，《社会学研究》2014 年第 4 期。

周育平：《"网络反腐"的利弊分析及展望》，《思想政治教育研究》2011 年第 12 期。

朱进芳：《社会治理模式创新及实现条件》，《人民论坛》2014 年第 11 期。

朱天、张成：《概念、形态、影响：当下中国互联网媒介平台上的圈子传播现象解析》，《四川大学学报》（哲学社会科学版），2014年第6期。

朱志玲、朱力：《从"不公"到"怨恨"：社会怨恨情绪的形成逻辑》，《社会科学战线》2014年第2期。

三、报纸文章及其他

鲍晓菁：《合肥少女拒爱遭毁容调查》，《新华每日电讯》2012年2月29日。

卞清：《民间话语与政府话语的互动与博弈》，复旦大学博士学位论文，2012年。

曹虹：《归真堂邀百人观活熊取胆 万人签名抵制多地停售》，《东方早报》2012年2月20日。

曹秀娟：《原运城公安局长段波太原受审》，《山西日报》2010年2月10日。

丁元竹：《如何更新当前的治理模式——从"社会管理"到"社会治理"的必然趋势》，《北京日报》2013年12月2日。

杜涛欣：《揭秘刘志军案》，《民主与法制时报》2013年4月22日。

法制日报评论员：《规范网络反腐坚守法律底线》，《法制日报》2013年4月20日。

方益波、余靖静：《杭州"飙车案"被告人胡斌一审被判刑三年》，《新华每日电讯》2009年7月21日。

高健、侯莎莎、李红艳：《李天一刑拘 李双江道歉》，《北京日报》2011年9月9日。

何涛、张莹：《"李刚门"事件目击者为何"集体沉默"？》，《广州日报》2010年10月21日。

侯云龙：《归真堂熊胆产品"身份"疑点重重》，《经济参考报》2012年2月15日。

胡吉祥、吴颖萌：《众筹融资的发展与监管》，《证券市场导报》2013年第12期。

姜洪：《阳光下，"吃空饷"不是疑难杂症》，《检察日报》2013年9月12日。

李杨曦、张甜：《创新运用达州双向互动网络平台 直接联系服务群众促进作风转变》，《达州日报》2013年8月23日。

栗泽宇：《"小官巨贪"马超群》，《华夏时报》2014年11月17日。

刘夏等：《归真堂再开放 参观者跪拜黑熊谢罪》，《新京报》2012年2月25日。

孟昭丽、涂洪长：《南平案凶手郑民生一审获死刑》，《新华每日电讯》2010年4月9日。

清华大学社会学系社会发展研究课题组：《"维稳"新思路：利益表达制度化，实现长治久安》，《南方周末》2010 年 4 月 15 日。

石志勇、梁娟：《"表哥"杨达才获刑 14 年，没收非法所得 529 万余元》，《新华每日电讯》2013 年 9 月 6 日。

孙琳琳：《当下中国的 12 种孤独》，《新周刊》2012 年第 8 期。

谭世贵：《网络反腐的机理与规制》，《光明日报》2009 年 5 月 9 日。

汪孝宗：《哪个省的 GDP 含金量更高？》，《中国经济周刊》2011 年第 8 期。

王传涛：《办事不能光指望〈焦点访谈〉》，《河南日报》2013 年 10 月 15 日。

王芳菲：《网络反腐的特征》，《光明日报》2013 年 6 月 22 日。

王少伟、姜永斌：《"开门反腐"的有力之举》，《中国纪检监察报》2013 年 10 月 8 日。

王天夫：《社会发展带来社会压力》，《人民日报》2013 年 2 月 24 日。

王秀强：《专案组详解刘铁男案》，《21 世纪经济报道》2015 年 1 月 1 日。

习近平：《共同构建网络空间命运共同体》，《新华每日电讯》2015 年 12 月 17 日。

杨耕身：《"网络反腐"：愈神话愈虚拟》，《东方早报》2009 年 12 月 25 日。

杨文浩：《法律与人道别混为一谈》，《法制日报》2012 年 2 月 24 日。

余竹：《以"互联网 +"提升经济社会发展质效》，《上海证券报》2015 年 5 月 7 日。

张太凌：《高速路拦车运狗》，《新京报》2011 年 4 月 16 日。

张先明：《最高法院通报赵明华陈雪明等法官违纪违法案件》，《人民法院报》2013 年 8 月 8 日。

赵丽：《政府职能转变根本标准是实现社会共治》，《法制日报》2013 年 12 月 21 日。

朱薇：《雷政富被判十三年，受贿详情曝光》，《新华每日电讯》2013 年 6 月 29 日。

庄庆鸿：《反腐风暴劲刮　更待制度构建》，《中国青年报》2012 年 12 月 15 日。

《腾讯：三季度广告收入增 51%，微信月活跃账户增至 8.46 亿》，《商业文化》2016 年第 34 期。

四、网络文献、网站

《10 年来中国 GDP 总量在世界排名的几大跨越》，http：//www.ce.cn/macro/more/201103/01/t20110301_ 22257993.shtml，2011 – 03 – 01.

《海口群体性事件质疑麻风病项目掀翻 10 台警车》，http：//sz.bendibao.com/news/20141119/655006_ 2.htm，2014 – 11 – 19.

《昆明火车站暴恐案告破　多地警方惩处网络造谣传谣者》，http：//www.guancha.cn/

society/2014_ 03_ 05_ 210941. shtml，2014 – 3 – 5.

《虐猫事件：心理压力如何宣泄》，http：//news. sina. com. cn/o/2006 – 05 – 15/09178927849s. shtml，2006 – 05 – 15.

《日本东京都知事称东京政府欲购买钓鱼岛》，http：//news. cntv. cn/20120419/101055. shtml，2012 – 04 – 19.

《玩转微博微信 APP 深圳政府网络时代的"新群众路线"》，http：//news. 163. com/14/1104/05/AA6D97VF00014AED. html，2014 – 11 – 04.

《政民互动渠道畅让群众的问题都有解》，http：//money. 163. com/13/0822/17/96T9AA0600254TI5. html，2013 – 8 – 22.

《中国数字鸿沟报告 2013》，国家信息中心，http：//www. sic. gov. cn/News/287/2782. htm，2014 – 05 – 20.

黄深钢等：《浙江政府网络问计"为民办实事"》，http：//news. 21cn. com/caiji/roll1/a/2014/1019/16/28401974. shtml，2014 – 10 – 19.

孙兴杰：《互联网是缩小城乡差距的利器》，荆楚网，http：//focus. cnhubei. com/media/201504/t3231911. shtml，2015 年 4 月 14 日.

张薇：《互联网与政府：改变政府治理模式促其创新公共服务》，http：//www. chinadaily. com. cn/hqcj/xfly/2014 – 11 – 20/content_ 12751931. html，2014 – 11 – 20.

中国移动互联网络信息中心：《中国互联网发展状况统计报告》（第 38 次），2016 年 8 月 3 日。

中国移动互联网络信息中心：《中国互联网发展状况统计报告》（第 39 次），2017 年 1 月 22 日。

百度百科：https：//baike. baidu. com/

"免费午餐"官方网站：www. mianfeiwucan. org

归真堂药业股份有限公司网站 www. gztxd. com

轻松筹官网：www. qschou. com

新浪微博微公益主页：http：//gongyi. weibo. com

中国互联网络信息中心网站：http：//www. cnnic. net. cn/

五、英文文献

Barbalet, J. M. Emotion, *Social Theory, and Social Structure*：A *Macro – sociological Approach*. Cambridge：Cambridge University Press，1998.

Durkheim, E. *Suicide*. Tran. by J. Spaulding & G. Simpson. Glencoe: Free Press, 1951.

George Ritzer. *Enchanting A Disenchanted Word: Continuity and Change in the Cathedrals of Consumption*. California: Pine Forge Press, 2010.

Hochschild, Arlie Russell. "The Sociology of Feeling and Emotion: Selected Possibilities", *Sociological Inquiry*, 1975, 45: 280 – 307.

Nee, Victor. "A Theory of Market Transition: From Redistribution to Markets in State Socialism". *American Sociological Review*, 1989, 54: 663 – 681.

Scheler, Max. *Ressentiment*. Milwaukee, Wisconsin: Marquette University Press, 1994.

Turkle Sherry, *Alone Together: Why We Expect More from Technology and Less from Each Other*. New York: Basic Books, 2012.

Turner, Jonathan. & Jan E. Stets. *The Sociology of Emotions*. Cambridge: Cambridge University Press, 2005.

后 记

网络社会学是一个新兴的研究领域，宽泛地讲，是从社会学的角度对互联网的社会影响、社会问题的网络呈现以及"线上空间"与"线下空间"的复杂互动的研究。近5年来，我在网络社会学方面做了一些思考和研究，并发表了一些成果，总结下来发现积累的文字已10万有余。坦率地说，这些思考和研究还有很多不足，不过作为阶段性总结也有成书出版的可能了。

本书的主要章节曾在一些书刊发表过。第一章发表于《江淮论坛》2011年第5期；第二章发表于《天津社会科学》2013年第5期；第三章发表于《新视野》2016年第6期；第五章发表于《北京工业大学学报》2012年第4期；第七至十二章的一些内容刊于中国人民大学出版社2013至2016年出版的系列《中国网络社会研究报告》，其中，第七章第四节的部分内容发表于《社会学家茶座》2014年第1辑，第九章的部分内容发表于《兰州大学学报》2016年第6期。

感谢上述期刊或出版机构同意笔者将相关文字收入本书，成书时各级标题、章节结构和具体内容都做了不同程度的修改增删，有些章节近乎重写。需要说明的是，为了保证各章内容的完整性，个别地方存在前后偶有重复的情况，不当之处，请读者谅解。

感谢刘少杰教授多年来的提携和鼓励，以及依托于网络社会学研究经费对本书出版的支持，没有他的鼓励和支持就不会有本书的完成和顺利出版。感谢我的家人，在他们需要我多些陪伴的时候，我可能泡在图书馆耕耘文字；为了让我有更多时间安心工作，母亲帮助操持家务和照看小孩，非常辛苦。有时，满身疲惫地回到家，等候多时的女儿送上一个热烈的拥抱，一切倦意似乎都烟消云散了。

丁酉，立春，于北京回龙观陋室